2100, Odyssée de l'Espèce

Du même auteur :

L'Écoute des silences, 1978, coll. 10/18.
Pouvoirs du rêve, 1982, CRCT, éditions d'organisation.
Rapport sur l'état de la technique (la révolution de l'intelligence), [sous la direction de T. Gaudin], revue *Science et technologie*, 1983.
Les Dieux intérieurs, 1985, Sophon, Strasbourg.
Le Temps du germe, 1987, Sophon, Strasbourg.
Les Métamorphoses du futur, Economica, 1988.
2100, récit du prochain siècle (sous la direction de T. Gaudin), Payot, 1990.

Documents Payot

Thierry Gaudin

2100, Odyssée de l'Espèce

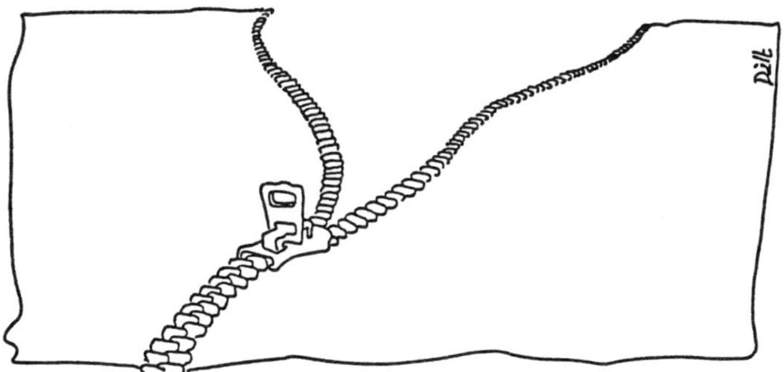

L'AVENIR EST OUVERT AVANT QU'ON NE LE REFERME.

Couverture : Jean-Michel Péricat

Dessins : François Jégou (Dàlt)
Cartes : Anne Chappuis (Sygrap, Rouen)

Ne pas prévoir, c'est déjà gémir.

Léonard de Vinci

Avertissement

Si vous ne croyez pas au futur, essayez donc le passé !

Le passéisme nationaliste s'exacerbe dans les Balkans. Le passéisme théologique enflamme les intégrismes dans toutes les religions (islamique, chrétienne, juive, hindoue...). La politique et les affaires s'engluent dans des contentieux. Faute d'être en mesure de regarder l'avenir, les années 90 foncent tête baissée vers leur passé. C'est un mouvement compréhensible. Les psychanalystes l'appellent une régression. Face au « choc du futur [1] », on va chercher des solutions toutes faites. On rejoue les drames d'autrefois, on boit la coupe jusqu'à la lie. Alors seulement, une fois ce mouvement accompli, on peut accepter que reviennent les temps créateurs et tourner à nouveau son regard vers l'avenir. J'invite à le faire le plus tôt possible.

Je suis un ingénieur, venu aux sciences humaines et à la philosophie à la fois par goût et par métier. L'essentiel de ma vie active a été consacré aux innovateurs. Pour eux, j'ai essayé de comprendre pourquoi et comment le monde évolue. Après avoir travaillé dix ans à aider les innovations, j'ai, pendant les dix années suivantes, dirigé un centre de veille technologique [2] d'évaluation et de prospective. En 1987, je me suis senti en mesure d'organiser un grand chantier de prospective mondiale du siècle prochain.

Ce travail, publié en 1990 [3], s'appuie d'un côté sur une

1. Expression due à Alvin Toffler (*Le Choc du futur*, Gallimard, 1987), par laquelle il signale que nous entrons dans un monde de surinformation où l'excès de choix produit un choc d'incertitude.

2. On appelle ainsi la surveillance des progrès techniques à travers le monde (en fait, surtout aux États-Unis, au Japon et en Europe). Ce service s'appelait le CPE et éditait un bulletin mensuel de veille destiné aux industriels.

3. Avec la collaboration de Jean-François Degrémont, Catherine Distler, Gilbert Payan, François Pharabod, Jean-Pierre Brunerie, Diane Pinelli et la contribution de centaines de chercheurs sous le titre *2100, récit du*

recherche et une connaissance personnelle des mécanismes de l'innovation et des interactions technique-société, de l'autre sur les résultats de la science. Pour lui, j'ai pris le risque d'interroger la science et la technique du futur, celles qui sont en train de se faire et n'ont pas encore pignon sur rue. Mon réseau d'information me le permettait.

Libre de ma parole, ne représentant aucune organisation officielle, je vais résumer ici le résultat de notre décennie de travail et donner aussi mon sentiment personnel. J'ai perçu peu à peu un monde nouveau, comme émergeant de la brume, à la fois plus technique et plus humain. Ce que j'ai appris doit être restitué au public. Je le dirai comme je le pense, sans me cacher derrière des mots obscurs, ni feindre des doutes superflus. Il faut rester clair.

Toutefois, dans un ouvrage condensé comme celui-ci, je ne pourrai pas détailler tous les arguments ni présenter tous les débats qui ont mené au scénario du XXIe siècle. Je répondrai seulement aux questions qui me sont le plus souvent posées, quand je le présente en conférence. Je n'aurai pas non plus la place de décliner les conséquences de cette vision sur telle ou telle profession, bien que j'aime à le faire en présence des hommes de métier.

Ce texte n'est qu'une des interprétations possibles du futur : la mienne. Ce n'est pas une improvisation, elle résulte de plusieurs années de travail avec plusieurs centaines de personnes. Néanmoins, ne la considérez pas comme une prophétie. J'ai seulement gardé de mes origines l'instinct de distinguer ce qui marche de ce qui ne marche pas[1]. Mais jamais je n'ai autant douté.

prochain siècle, Payot, 1990. Voir aussi les contributions scientifiques à *2100*, éditées par le GRET, 213, rue La Fayette, 75010 Paris.

1. Le discours de Parménide, aux débuts de la philosophie grecque, en réaction aux effets oratoires des sophistes, disait : « il faut savoir distinguer ce qui est de ce qui n'est pas ». Avant que de penser l'Etre, je préfère penser les fonctionnements. Les mathématiques contemporaines m'y invitent.

Jamais je ne me suis senti aussi utile. Car ma vision a maintenant mûri, et je peux en déduire des propositions. Je les présenterai dans la dernière partie.

Ce livre s'adresse à ceux qui vont changer le monde. Ils sont partout, encore inconnus. Je veux leur donner un message d'espoir, les aider à préciser le tableau de l'avenir et fournir des armes pour leur combat.

À quoi sert la prospective séculaire ?

La prospective est un préliminaire de l'action. Ce n'est pas une science. Chaque scientifique approfondit un domaine de connaissance particulier. Le prospectiviste revendique le droit à la synthèse et en même temps le droit à l'erreur. Il n'y a pas une prospective économique d'un côté, et une prospective écologique de l'autre. Il y a une prospective générale, que l'on peut décliner dans ses aspects économiques et écologiques, selon des vues particulières. La prospective recueille, compare, critique ce que disent les spécialistes. Elle s'autorise l'audace d'établir, à partir de leurs constats, un tableau cohérent, en vue de dire une histoire du futur. Sans doute, cette histoire n'est pas la seule possible, mais elle existe. C'est un récit racontable, quelque chose qui a un sens, alors que la juxtaposition de discours de spécialistes n'en a pas.

La certitude n'est pas la compagne du prospectiviste. Mais le doute n'est pas une raison suffisante pour s'interdire de prendre la parole, surtout s'il s'agit d'enjeux vitaux. Comme la psychanalyse, la prospective est un travail technique sur l'imaginaire. En le précisant, elle contribue à créer l'avenir. Elle explore des scénarios, tâtonne dans le brouillard, essaie des instruments de mesure nouveaux, refuse les lieux communs de son époque. Mais elle ne devient elle même qu'en restituant du sens là où il n'y en avait pas, en imaginant des cohérences possibles au-delà des tableaux chaotiques. C'est la descendante des devins, à cela près qu'elle tolère et même recherche la controverse. Ce n'est pas pour autant l'art de se mettre d'accord sur des vœux. Penser l'avenir n'est pas choisir le tableau le plus confortable (le *wishful thinking* anglo-saxon), au risque de se complaire dans l'irréalité. C'est au contraire un acte de courage intellectuel, qui soupèse avec égalité d'âme les chances respectives du meilleur et du pire.

Les moyens modernes permettent de voir loin. Ayons l'audace de nous en saisir. Il faut environ un siècle pour que le nouveau système technique soit partout en service, et pour que la démographie se stabilise. À quoi ressemblera la planète quand tout aura changé ? Telle est la question qu'il faut avoir le courage de se poser maintenant pour choisir avec lucidité les infrastructures de demain.

Au siècle prochain, on ne peut plus regarder séparément les différentes régions du monde. Elles sont toutes en interaction. Construisons donc une vue d'ensemble, qui embrasse la planète entière, et propose un cheminement continu jusqu'à 2100. Combinons aussi diverses approches, d'ordinaire présentées séparément : l'économique et le social bien entendu, mais aussi l'équilibre avec la nature, la technologie, la vie quotidienne, l'éducation, les conflits, la spiritualité.

Comment on a vu le futur jusqu'à présent

Ne craignons pas l'échec. Malgré la difficulté de la prévision, les prospectivistes du passé se sont moins trompés qu'on le dit.

Certains créateurs ont « vu » des objets qui allaient se réaliser des siècles plus tard. Les dessins de parachute, d'hélicoptère et d'avion de Léonard de Vinci, réalisés cinq cents ans après sous forme de maquettes [1], laissent l'impression d'une majestueuse continuité de l'imaginaire [2], d'une lente gestation du génie humain. Le sous-marin et le voyage dans la lune de Jules Verne étaient en avance d'un siècle. Cet esprit fécond, curieux de toutes les sciences, a inspiré des générations d'ingénieurs et d'inventeurs. Par les vocations qu'il a suscitées, il a préparé la réalisation de ce qu'il évoquait.

1. Par les soins d'IBM, et exposées dans sa demeure du Clos Lucé à Amboise.
2. Ils étaient justes dans leurs formes, mais irréalisables avec les matériaux de l'époque, trop lourds ou trop fragiles.

Souvent, les créateurs ont péché par manque d'audace. Le même auteur anglais, H. G. Wells, était plus près de la réalité quand il écrivait des fictions *(La Guerre des mondes)* que lorsqu'il faisait des prévisions officielles, où il s'efforçait d'avoir l'air sérieux. Quand il s'agit d'avenir, le vrai sérieux n'est pas là où l'on croit.

Dans la collection des tableaux du futur, trois styles principaux apparaissent :

- D'abord des visions techniciennes, empreintes d'optimisme : en 1900, l'illustrateur Robida proposait des images prémonitoires de l'an 2000. Des dirigeables circulaient autour de Notre-Dame, des casques à enseigner électriques coiffaient les élèves, des robots faisaient le travail des champs, surveillés de loin par l'ex-agriculteur. Pour la revue *La Science et la Vie* de l'entre-deux-guerres, la fée électricité libère des tâches ménagères, chacun vole dans son petit avion individuel et portatif, on reste chez soi en travaillant à distance... C'est du fantastique scientiste. La technique est vue comme bénéfique. Aucun problème ne résiste à son pouvoir de résolution.

- Ensuite des visions sociales et écologiques, qui mettent au contraire l'accent sur les « dégâts du progrès [1] », soulignant les asservissements, les maladies, les pollutions et les destructions dus à la prolifération industrielle. Mais les uns comme les autres tendent à surestimer la vitesse des changements. Ils décrivent, soit une explosion euphorique, soit un effondrement catastrophique. En fait, ni l'un ni l'autre ne se sont produits. Les technolâtres et les technophobes sont renvoyés dos à dos.

- Enfin des visions d'économistes, qui ne sont ni radieux ni sombres. À la différence des précédents, ils sous-estiment la rapidité des transformations. Pour eux, l'avenir ressemble au passé, le monde est régulé par une main plus ou moins invisible, et ce qui se pro-

1. Titre d'un livre publié dans les années 70 par le syndicat CFDT.

Station centrale des aéronefs à Notre-Dame, par Robida

duira n'est guère différent de ce qui s'est déjà produit. Pendant les « trente glorieuses[1] », ils ne pouvaient se résoudre à ce que la croissance continue à un rythme endiablé, ce qu'elle a fait, ni que le chômage augmente dans des proportions incroyables, ce qu'il a fait. Les calculs leur suggéraient ces résultats mais, par manque d'audace, ils ne pouvaient y croire. Les textes écrits en 1964 sur 1984 ont laissé le conformisme brider la prospective.

Quelle méthode avons-nous suivie ?

Notre travail a commencé en 1979. Nous avons interrogé par vagues successives mille cinq cents experts, travaillant dans tous les domaines scientifiques et techniques, sur le thème : à quelles nouveautés faut-il s'attendre dans votre spécialité ? Dès cette époque, j'ai été convaincu d'assister aux débuts d'un autre système technique, clairement différent de celui de la révolution industrielle, conduisant à d'au-

1. La période d'expansion économique 1950-1980, ainsi nommée par Jean Fourastié.

tres formes d'organisation sociale. Pour préciser et valider ce constat, nous avons constitué un réseau de surveillance du changement des techniques à travers le monde, qui a diffusé pendant dix ans vers les professionnels un bulletin mensuel et des enquêtes techniques. En 1983, nous avons publié un premier *Rapport sur l'état de la technique*, dans le but d'alerter les industriels et les chercheurs. En 1987, après le premier congrès Europrospective[1], je me suis senti prêt à diriger un chantier de prospective mondiale à long terme, aboutissement logique de ces investigations. Compte tenu des connaissances et des évaluations que j'avais acquises, je voyais bien ce qu'il y avait à dire sur le fond. Restaient à préciser les cadrages. Cela s'est fait en trois phases :

- Le recueil des données : des bibliographies, des lectures et des enquêtes complémentaires ;
- La délibération : un séminaire d'un an, dit Prospective des déséquilibres mondiaux[2], pour pousser les spécialistes dans leurs retranchements et tester de nouvelles interprétations ;
- La structuration : décantation en petit comité des idées directrices

Après quoi, une autre série de trois phases : *Documentation, Délibération, Structuration*, avec une participation plus restreinte de journalistes et d'experts très motivés, a mené à une première rédaction de l'ouvrage *2100*. Puis ce texte a été réécrit quatre fois avant d'être publié. Chaque réécriture faisait progresser la cohérence et la clarté d'expression.

Cette méthode est sans difficulté transposable dans les entreprises pour un travail prospectif sur leur propre avenir[3]. Elle présente dans ce cas l'avantage supplémen-

1. Dont l'organisation a été reprise par le programme FAST (Riccardo Petrella) de la Communauté européenne.

2. Organisé par le GRET, 213, rue La Fayette, 75010 Paris.

3. Il y a en fait toute une gamme de méthodes disponibles, sur lesquelles on pourra consulter par exemple le livre de Michel Godet, *Prospective et planification stratégique*, CPE-Economica.

taire de faire participer directement à l'élaboration d'une vision du futur ceux qui auront à en décider par la suite. C'est en général un grand progrès pour une organisation de pouvoir ainsi construire une unité de vue par-dessus les jeux d'intérêts de ses baronnies internes.

Estimer la vitesse des changements

Une difficulté de la prospective à long terme est d'estimer la vitesse des changements. On trouve en effet sur ce point les positions les plus excessives et les moins étayées. Certains maintiennent qu'il n'y a rien de nouveau sous le soleil et continuent à regarder l'avenir comme une reproduction des intrigues et des luttes d'autrefois. D'autres mythifient l'accélération de l'Histoire et répètent, par exemple, sans aucune justification que, d'ici dix ans, la moitié des produits que nous consommerons ne sont pas encore sur le marché.

En observant plus attentivement, on peut estimer quelques ordres de grandeur : le délai de renouvellement est variable d'un secteur à l'autre. L'habillement suit une mode qui se définit deux fois par an, les collections d'été et d'hiver. Mais un modèle d'automobile, tel que la « Coccinelle Volkswagen » ou la Renault 5, a une durée de vie qui se compte en dizaines d'années. Comme un wagon de chemin de fer peut servir pendant trente ans, l'évolution des formes est encore plus lente pour le matériel ferroviaire. Les grandes installations industrielles, telles que les cimenteries, sont renouvelées par morceaux en une trentaine d'années. La tour Eiffel a fêté son centenaire. Le canal de Panama, qui date de la même époque, est là pour mille ans. En définitive, ce sont les croyances humaines qui changent le plus lentement. L'âge de nos religions se compte en millénaires, mais peut-être vont-elles bientôt évoluer. Nous y reviendrons.

À l'intérieur d'une même industrie, on peut observer une

évolution lente des formes qui ressemble à celle des organes des animaux[1].

Pour reprendre le cas de l'automobile, la succession des modèles, résumée par le designer Raymond Loewy[2] dans les années 40, fait bien percevoir visuellement cette morphogenèse des objets. On pressent que, derrière leur conception, des forces sont à l'œuvre semblables à celles qui donnent forme aux organes des vivants. Au début[3], on peut lire les différentes fonctions sur l'objet même. Le pare-chocs, le garde-boue, le phare, le marchepied sont des éléments séparés, bien identifiables. Puis, l'objet, à mesure que les générations se succèdent, devient de plus en plus « rond ». Ses parties exercent simultanément plusieurs fonctions. Elles rentrent les unes dans les autres et se fondent dans un tout.

On pourrait tenter, à partir de ces éléments, une prospective de l'industrie automobile : après cinquante ans d'évolution des formes (montrée par ces dessins), cinquante autres années à automatiser son outil de production[4], elle passera sans doute les cinquante années suivantes, c'est-à-dire la première moitié du siècle prochain à changer de système technique. Elle va quitter le système essence-fuel-transmission mécanique, pour le système hydrogène-hybride[5]-transmission électrique. Il en résultera une beaucoup plus grande liberté dans la conception des formes et l'usage des matériaux.

1. Comme l'avait remarqué Konrad Lorenz, dans *L'Envers du miroir*, Flammarion, 1990, à propos du wagon de chemin de fer et aussi d'une cuirasse qui s'« atrophie » en insigne, en Brandebourg, entre 1500 et 1700.

2. Il a aussi dessiné l'évolution de la chaussure, du verre à pied, de l'horloge et du téléphone.

3. Comme l'a observé Gilbert Simondon, dans *Du mode d'existence des objets techniques*, Aubier, 1989.

4. Ce qui n'est pas encore terminé en 1993 (CFAO : conception *et fabrication* assistée par ordinateur, EDI : échange normalisé de données informatiques entre donneurs d'ordre et sous-traitants...)

5. On appelle hybrides les véhicules ayant à la fois un moteur et un stockage d'énergie de propulsion à bord (volant d'inertie, gaz comprimé...) que l'on peut mobiliser pour les reprises.

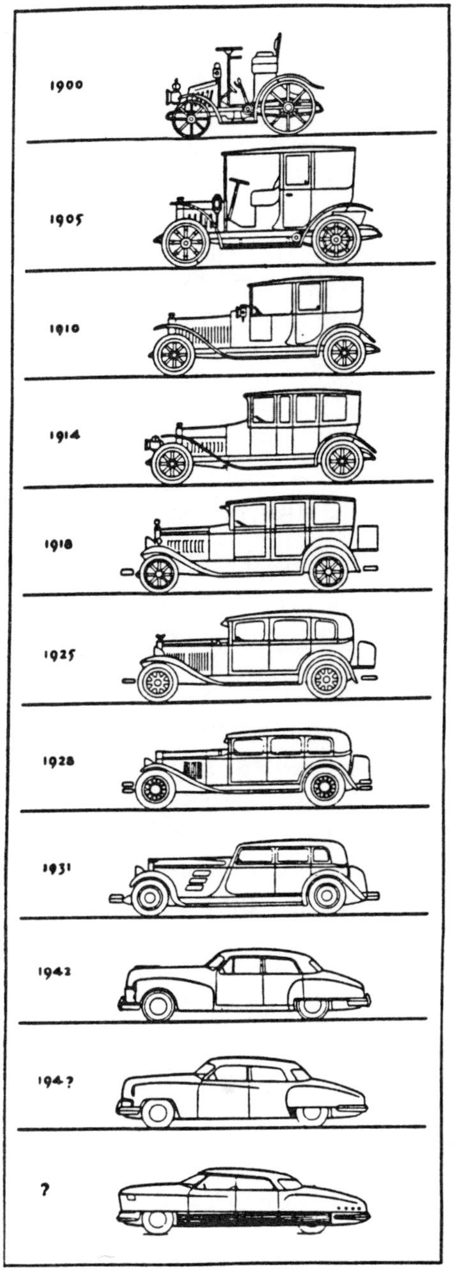

Cinquante ans d'évolution de l'automobile, par le designer Raymond Loewy (créateur de l'Oldsmobile, modèle de « la belle américaine »)

Comment pouvez-vous oser parler de 2100, alors que nous ne savons même pas ce qui va se passer dans trois mois ? me dit-on souvent. Certains, plus perfides, ajoutent : Vous ne prenez pas de risques. Plus une prospective est lointaine, moins elle a de risques d'être rapidement démentie par les faits. Je ne nie pas cette évidence. Mais la connaissance du court terme n'apporte pas grand-chose à la prévision du long terme. Les météorologistes vous diront qu'il est quasi impossible de prévoir le temps à plus de quinze jours, à cause de l'« effet papillon [1] ». Mais ils pourront quand même, trois mois à l'avance, vous dire si, dans l'ensemble, l'été sera orageux ou ensoleillé, sans pour autant être capable de préciser si le 12 août à 16 h 12, il pleuvra ou non sur Carpentras.

On ne parle pas de la même chose selon les échéances :

- À trois mois, ce sont les fluctuations erratiques de la conjoncture.

- À trois ans, ce sont les mouvements de mode et les dérives économiques.

- À trente ans, ce sont les renouvellements des générations, avec leurs styles de vie différents, et aussi les achats ménagers. Par exemple, la période des trente glorieuses (1950-1980) en Europe est caractérisée par deux vagues d'investissements : la reconstruction de l'après-guerre et le premier équipement des ménages en réfrigérateurs, cuisinières, machines à laver, téléviseurs et automobiles. Chacune de ces vagues, créatrice d'emplois et porteuse de prospérité, s'étend sur une génération. Lorsque les ménages ont été équipés à plus de 80 %, la demande s'est ralentie, le chômage a augmenté et l'économie est devenue plus hésitante.

- À cent ans, ce sont les infrastructures, telles que les

1. Le battement des ailes d'un papillon devrait être pris en compte dans le calcul car, au bout d'une quinzaine, si les circonstances l'amplifient, il peut devenir un ouragan.

ports, les autoroutes, les voies ferrées, les grands aménagements urbains. Ce sont aussi les réseaux, par exemple le réseau électrique. Les premières électrifications urbaines datent du siècle dernier. Mais il faut attendre vingt ans après la Seconde Guerre mondiale pour que l'électricité soit partout dans les campagnes en Europe. Or, c'est à partir du moment où les ménages disposent chez eux de l'énergie électrique qu'ils peuvent s'équiper en électroménager. À l'échelle mondiale, même si aucun pays n'est totalement dépourvu de réseau, la majorité de la population n'est pas encore connectée. Si l'on prolonge les tendances actuelles, il faut attendre la seconde moitié du siècle prochain pour que tout le monde ait l'électricité à domicile. La vague de prospérité que nous voyons actuellement se dessiner en Chine, en Inde et en Asie du Sud-Est correspond à nos trente glorieuses, mais seulement pour une fraction urbaine des deux milliards et demi d'habitants de cette région — la moitié de l'espèce humaine —, qui s'équipe avec avidité.

L'évolution de l'équipement en électricité

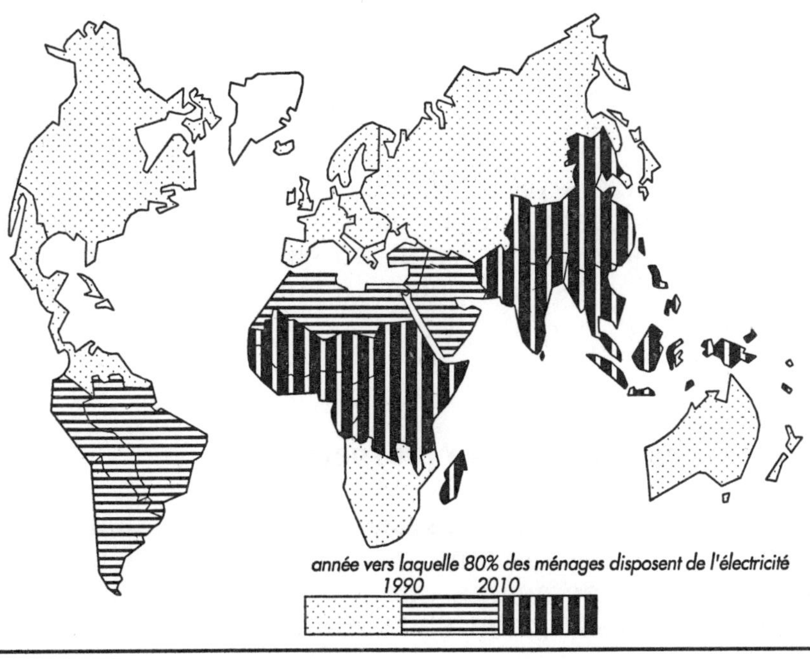

Au XXIe siècle, c'est aussi autour du réseau téléphonique que vont s'organiser les enjeux sociaux. Il est actuellement, en moyenne mondiale, au niveau d'environ dix lignes pour cent personnes, mais très inégalement réparti : plus de cinquante lignes dans les pays riches, moins de une dans les pays pauvres. L'exclusion est aussi une mise à l'écart du réseau de communication. Le jour où tous les Chinois auront le téléphone, c'est-à-dire dans quelques décennies, la Chine aura la même puissance économique par habitant que ses frères de Hong Kong, Taïwan ou Singapour, dont on connaît les dons pour les affaires et l'ardeur au travail. Au bout des lignes téléphoniques et du câble, se trouvent aussi des instruments variés, plus fascinants encore que l'électroménager, qui engendreront des vagues d'équipement et de prospérité comparables.

Toutefois, le délai d'accoutumance de l'usager limite la vitesse de diffusion des nouvelles technologies. Les fabricants de micro-ordinateurs croyaient, au début des années 80, inonder le marché en une décennie. Il n'en a rien été. Dès 1985, ils ont dû réviser en baisse leurs prévisions. Ce n'est pas que les clients manquaient de ressources pour acheter leurs machines. Elles coûtaient déjà moins cher qu'une auto. Mais les usagers n'y étaient pas encore habitués, et ce nouvel instrument modifiait sensiblement leur façon de travailler. Il a donc fallu attendre une génération d'accoutumance, et l'apparition de logiciels plus conviviaux. On peut conjecturer que, si un nouveau produit suppose une évolution des façons de faire, alors il faut au moins une génération pour qu'il s'impose au public, même si ses avantages sont évidents.

Les fondements de notre prospective

On ne trouve dans notre travail ni l'optimisme des économistes, ni le pessimisme des écologistes. Il passe à coté des lieux communs dont les médias abreuvent le public. Il ressemble au commentaire d'un martien qui viendrait observer le comportement et les réalisations terriennes. Sur quoi est-il donc fondé ?

Sans doute, plusieurs centaines d'experts ont été mobilisés. Mais l'accumulation de données ou de calculs ne suffit aucunement à étayer une prospective. Le fondement s'élabore comme un vin qui mûrit. Il résulte de la résistance au doute, stimulé par la délibération. Les dizaines de conférences que j'ai faites pour présenter nos arguments et nos conclusions ont contribué à leur élaboration. Elles m'ont permis de connaître des objections auxquelles je n'aurais pas pensé, et de m'approcher aussi davantage du langage du public.

Mais la persuasion ne suffit pas. L'enchaînement des causes doit être clair, ainsi que celui des conséquences. Chaque élément doit faire partie d'un tout cohérent. Quand le tableau est complet, quand toutes les interactions pertinentes ont bien été visitées, quand l'articulation logique des différents éléments est solidement établie et ne présente pas de dissonance, quand les références scientifiques s'enracinent dans des lois bien établies, durables et en rapport juste avec les situations examinées, il se dégage une sorte d'harmonie générale. Alors et alors seulement, l'homme honnête est convaincu que le discours présente un certain fondement.

Celui-ci s'établit surtout en vérifiant que derrière chaque phénomène pressenti se trouve une argumentation. Il faut étayer ce que l'on dit par des raisonnements. Pour imaginer l'avenir lointain, il ne suffit plus de prolonger les mécanismes du présent. Il faut se placer dans une logique plus profonde : celle de la vie, avec ses processus d'exploration, de séduction, de prédation, de prise de conscience, de réaction... Dans ce cadre, il y a deux notions importantes pour comprendre sur quoi s'appuient nos raisonnements :

La première est la survie. Tout système biologique — l'espèce humaine en est un, l'ensemble de la nature aussi — est dans une logique de survie. Il a ses fonctions d'exploration — le jeu, la créativité, l'innovation —

qui lui servent à trouver de nouvelles niches, de nouveaux défis pour prouver ses capacités de survie. Il a aussi ses fonctions de protection — celle des enfants par exemple — qui construisent des conditions rendant la survie possible.

Le premier pilier de notre prospective est donc l'*éthologie*, c'est-à-dire la biologie des comportements. Cette discipline fait la continuité entre les humains et les animaux. Elle s'intéresse aux gestes élémentaires quotidiens : l'alimentation, les soins, les gestes amoureux, les mimiques de communication[1], l'agressivité[2], la réconciliation[3], le tribalisme, en les situant par rapport aux enjeux de survie.

Plus précisément, si l'on compare notre travail aux prospectives « mécanistes », il apparaît une différence majeure, que j'appelle « l'hypothèse de la conscience ». Elle s'énonce ainsi : un système vivant ne se laisse pas mettre en péril sans réagir. On peut certes observer dans la nature des comportements suicidaires. Mais ils sont rares. Que ce soit par la guerre ou la destruction de l'environnement, le scénario d'un suicide collectif de l'espèce humaine n'est pas le plus vraisemblable[4].

La seconde notion, liée à la précédente, est celle de situation objective. Selon les époques et les lieux, les modalités et le cadre de la survie évoluent. L'humain est opportuniste. Il ajuste ses comportements, ses interprétations et ses croyances à la situation objective où il se trouve. Par exemple, une société de chasseurs développera des pratiques magiques d'identification à ses proies, dont la capture est vitale, mais n'aura pas d'at-

1. Voir Desmond Morris, *Le Singe nu* (Garnier-Flammarion, 1970) et *Le Zoo humain* (Grasset, 1970).

2. Voir Konrad Lorenz, *L'Agression : Une histoire naturelle du mal*, Flammarion, 1977.

3. Voir Frans de Waal, *La réconciliation chez les primates*, 1989, et Boris Cyrulnick, *Les nourritures affectives*, Odile Jacob, 1993.

4. À titre d'illustration — mais non de preuve —, je constate que, depuis quarante ans, l'humanité a les moyens (nucléaires) de se détruire en quelques heures, et qu'elle ne s'en est pas servie.

tachement pour la terre. Quand son territoire de chasse n'aura plus de gibier, elle le quittera. Une société d'agriculteurs, au contraire, se battra à mort pour la défense de la « terre sacrée », qui est sa base de ressources. Les civilisations industrielles sont moins attachées à la terre et plus à l'outil de travail. La société postindustrielle se fixera sur des valeurs plus abstraites : la fiabilité, la notoriété, la compétence...

Le second pilier de notre prospective est donc la *technologie*. Elle définit les conditions objectives de survie. C'est elle qui fournit aux humains leur subsistance et leur permet de se perpétuer en tant qu'espèce. Le rapport de la civilisation et de sa technique est celui de l'eau et du vase qui la contient. Or, depuis le début des années 80, nous avons commencé une transformation planétaire du système technique, comparable en ampleur à la révolution industrielle, et qui devrait, comme elle, s'étendre sur plus d'un siècle[1]. « L'avenir n'est plus ce qu'il était .»

Un regard mondialiste

Plus encore que l'erreur ou le succès de la prévision, c'est le lieu où le regard se porte qui révèle le fond de chaque époque. On tente de prédire, sans doute, mais pas n'importe quoi. Le registre de la prévision décrit les angoisses et les attentes, il dit où se cherche le destin. La tragédie grecque résonne de prédictions qui s'accomplissent inéluctablement, comme résultant d'une équation dramatique posée au départ, dont la réalisation échappe à la volonté des acteurs. Le projet de la prospective s'en inspire. Il est de décrire ces mécanismes puissants dont les hommes sont le jouet, qui déterminent leur bonheur ou leur malheur. Les décrire, n'est-ce pas aussi tenter de les exorciser, de les intégrer, de les devancer, dans l'espoir de pouvoir les infléchir un jour.

1. Voir le Rapport sur l'état de la technique (la révolution de l'intelligence) 1983 et 1985, *CPE-Science et technologie*.

Mais tout n'a pas la même importance. On demandait autrefois l'issue des batailles. On s'interroge maintenant sur le cours du pétrole : de militaires, les prophéties sont devenues économiques. Demain, on s'interrogera sur d'autres choses encore. Lesquelles ? La mémoire artificielle transmet désormais le souvenir détaillé des moments les plus intenses, tels qu'un record olympique, un concert exceptionnel ou un débarquement sur la lune. Ces instants peuvent être revisités dans leur mouvement, comme s'ils étaient vivants. Je crois que cela attirera l'attention vers le souvenir — et l'avenir — des passions, des créations et des rapports humains. Les mouvements de l'imaginaire, de l'affectif et de la spiritualité redeviendront d'actualité.

Avant même d'examiner l'exactitude de la prédiction, il faut donc s'intéresser aux lieux où se porte l'attention. Maintenant plus encore, car, à cause de l'ampleur des changements en cours, il s'agit de changer de point de vue.

Certains, autrefois, ont fait évoluer le regard : les philosophes, qui travaillent avec les hommes d'action. Leurs visions ont structuré la société. Ainsi, au début du XIXe siècle, Saint-Simon, le maître à penser des ingénieurs, disait : « L'ancien pouvoir spirituel, c'était l'Église. L'ancien pouvoir temporel, c'était la noblesse, caste de guerriers devenue inutile... Le nouveau pouvoir spirituel, c'est la science, et le nouveau pouvoir temporel, c'est l'industrie. » N'est-ce pas ce qui s'est réalisé depuis, dans le monde entier ? La révolution industrielle n'est-elle pas tout entière dans cette formule, complétée à l'époque par des énoncés précurseurs, articulant un grand projet social : exploiter la nature pour procurer aux hommes les bienfaits de la science et de la technique, sa fille.

Tout se passe comme si une fraction éclairée de la civilisation, en l'occurrence les enfants du mouvement philosophique[1], déclarait le projet du siècle suivant. À la

1. Celui du siècle des Lumières : Diderot, d'Alembert, Condorcet, Voltaire... Les saint-simoniens représentent la génération suivante.

suite de quoi, la société ainsi « programmée », réalisait peu à peu, à mesure que les inventions, les investissements, l'évolution des habitudes le permettaient, le projet d'ensemble avec différents bourgeonnements, plus ou moins imprévus au départ, mais cependant conformes à ses engrammes, comme une géométrie fractale se déclinant à différents niveaux. À cet égard, la prise de position la plus grande dans sa générosité, la plus visionnaire et la plus prémonitoire a été celle de nos ancêtres qui, à la Révolution française, ont déclaré les droits de l'homme. Texte complètement utopique pour l'époque, c'est, encore maintenant, le principal enjeu politique planétaire. Ainsi, à un certain niveau de spiritualité, la pensée s'imprime dans la société. Non seulement elle est prospective, mais elle est aussi, en quelque sorte, programmation du social, imprégnant peu à peu la volonté du peuple comme des dirigeants.

Ces prises de position ne se produisent pas n'importe où, n'importe quand, n'importe comment. Elles sont le produit d'un contexte. Elles poussent là où le terrain leur est favorable. Imprévisibles dans leur forme, elles sont possibles à cerner dans leur fond. Ainsi, avant d'aborder le siècle prochain, nous devons essayer de sentir la présence invisible du nouveau regard et suivre ce qu'il nous inspire pour (re-)lire et le passé, et l'avenir.

En quoi sommes-nous déjà différents de nos prédécesseurs ? En cela que nous quittons la vision tribale de l'histoire pour une vision universelle. Les distinctions entre nations, ethnies, religions ne sont pas effacées, mais remises à leur place : celle de modalités culturelles, vouées, non plus à entrer en conflit, mais à s'enrichir mutuellement. Car, au-delà des particularismes, il y a l'unité mondiale de la science qui proclame désormais l'unité du vivant « de l'amibe à l'éléphant », et l'unité des technologies, qui créent un système de communication mondial, sorte de « cerveau planétaire » dont la conscience devient chaque année plus perceptible par la voie des médias et des télécommunications.

Le mondialisme, au XXe siècle, paraissait réservé à de

doux rêveurs, régulièrement démentis par l'atrocité des guerres et des persécutions. Au tournant du IIIe millénaire, les conditions techniques sont réunies pour qu'il entre dans les faits, insensiblement. Mais cette métamorphose inéluctable s'accompagne de craquements et de déchirements. Les vieux particularismes et les attachements anciens sont réactivés. Ils luttent avant de céder la place.

La prospective sert à préparer des programmes

La traduction concrète naturelle de la prospective est la conception de projets, qui sont comme une incarnation de la conscience élargie par le travail prospectif. Nos ancêtres en concevaient déjà, et de bien plus audacieux que nous. Au temps de Jules Verne, ils construisaient le canal de Suez, le canal de Panama, des chemins de fer dans le monde entier. L'ingénieur Legrand, dès 1840, proposait une carte mondiale des voies ferrées. Les Européens, au XIXe siècle, avaient un projet mondialiste, étayé par une philosophie constructive, le positivisme. Leur doctrine se résumait en deux idées : la liberté, et les infrastructures. Actuellement, avec le vent de libéralisme qui souffle sur le monde, il est de bon ton de faire semblant de croire que la liberté économique apporte la solution de tous nos maux. Or, une société économiquement libre sans infrastructure est une société d'embouteillage où tout le monde perd son temps. Pire, sans infrastructure éducative, c'est une société d'exclusion qui nourrit en son sein les germes de sa propre destruction.

Allons-nous, au siècle prochain, retrouver des visions planétaires ? Certainement, car le maillage des communications facilite la montée et l'émergence d'une conscience globale. On commence à voir apparaître de grandes idées : des idées écologiques (transformer la planète en jardin) et des idées techniques, comme, par exemple, au Japon, celle de cités marines pour plusieurs centaines de milliers d'habitants[1]. La planète creuse artificielle proposée par le physicien américain O'Neill, sorte de Léonard de Vinci contemporain, est un cylindre d'un kilomètre de diamètre. Pour créer à sa périphérie une gravité équivalente à celle de la terre, elle fait un tour sur elle-même en une minute. Elle contient des lacs, des petites montagnes, des bois, tout un espace « naturel ». Lorsque les films de fiction[2] nous montrent des vaisseaux spatiaux qui ressemblent à des immeubles de bureaux, c'est un non-sens. Bien qu'il domine les autres espèces, l'homme ne peut se passer de la nature. Il en est solidaire, il a besoin d'elle pour recycler l'oxygène, l'eau... Il appartient à la biosphère. Il est solidaire des plantes et des animaux. Dans l'espace, il faut qu'il emmène avec lui une nature organisée, une « techno-nature » placée sous sa protection.

D'où l'importance de l'expérience américaine Biosphère 2[3] où huit personnes passent deux ans dans un écosystème fermé complet sous une bulle étanche, ne communiquant avec l'extérieur que par des informations, sans apport de matière. Au-dedans, on voit non pas une forêt vierge, mais un potager moderniste, dans lequel tout est recyclé. Ce morceau de nature est destiné, ultérieurement, à être placé en orbite puis contrôlé dans son évolution. Puis, dans les siècles à venir, les planètes creuses artificielles iront vers d'autres systèmes solaires, de sorte que l'homme deviendra le messager de la vie à travers les étoiles, même après la mort du soleil.

Ainsi, le plus grand des projets, celui qui nous emmène le plus loin, est de petite dimension. C'est un modèle réduit de la biosphère, comme une déclinaison qui signifie le rôle de l'homme par rapport à la vie : la cultiver, partout et toujours. La taille, le poids, la puissance ne

1. Le projet présenté par la société Taisei (la cité volcan) a la forme du mont Fuji. Elle mesure 6 500 mètres de diamètre à la base et 4 000 mètres de haut. Elle accueillerait 700 000 personnes (*Futurist*, mai-juin 1993).
2. *2001 Odyssée de l'espace* ou *La Guerre des étoiles*
3. Expérience très critiquée, mais quelle innovation ne l'est pas !

sont plus des signes pertinents. L'univers est fractal[1] Ce qui est en grand est en germe dans ce qui est en petit. La capacité à cultiver, jusque dans les espaces intersidéraux, une nature en réduction donne la maille élémentaire des constructions futures. Leur valeur ne procède pas de leur dimension, mais de leur complétude et de leur signification exploratoire par rapport aux capacités de survie de l'espèce. Elles sont le signe que l'odyssée commence.

1. Terme défini par Benoît Mandelbrot, qui désigne des objets mathématiques engendrés par la répétition emboîtée de la même subdivision élémentaire, de l'infiniment grand à l'infiniment petit.

Le scénario du siècle prochain

Une référence : le milieu du siècle dernier

Alors, que se passera-t-il au siècle prochain ?

Même si la régulation des naissances, les progrès des échanges économiques et de la protection de la nature sont des tendances encourageantes, les prochaines décennies sont très durement menacées par les conséquences de l'implosion des villes, la montée de l'exclusion et des systèmes maffieux. Les premiers scénarios qui viennent à l'esprit sont noirs. Ils ont l'odeur du chaos. On n'arrive pas à voir au-delà des confrontations entre une société officielle affaiblie, rongée de luttes intestines, sans véritable projet, et des exclus qui frappent à la porte de plus en plus durement.

Néanmoins, l'histoire[1] relativise nos visions catastrophistes. L'espèce humaine en a vu d'autres. Et elle s'en est tirée.

Nos ancêtres, au XIXe siècle, sont en Europe devant une situation comparable à celle du monde à la fin du XXe siècle : en 1848, la classe dirigeante perd ses illusions. Face à un prolétariat subissant une pauvreté et une insalubrité lamentables, elle se divise en deux courants d'opinion : un courant humaniste et un courant conservateur.

Les humanistes disent : « Nous n'avons pas le droit de laisser des êtres humains vivre dans de pareilles conditions, c'est inadmissible. » Ils ont raison. Et les conservateurs ajoutent : « Mais, attention, ils deviennent dangereux ! » Ils ont raison aussi. Les uns et les autres aboutissent à la même conclusion : il faut faire quelque chose.

1. Notamment les disciples de Michel Foucault, tel Jacques Donzelot, *La Police des familles*, 1977, Minuit.

Des moyens énormes sont alors mobilisés. On passe d'une petite bourgeoisie frileuse, à l'esprit étroit, qui compte ses sous, fait du contentieux, envoie ses débiteurs en prison, à une grande bourgeoisie au long cours, qui investit massivement dans les chemins de fer, les grands magasins, les banques, l'industrie lourde, les routes, le canal de Suez et celui de Panama. Elle prend des risques immenses, manifeste une vision mondialiste et, pour mener à bien ses projets, crée de la monnaie par « transformation du crédit[1] ».

Nos ancêtres structurent les villes (Haussmann) et structurent les esprits (Jules Ferry). Dans l'Angleterre de la reine Victoria, et dans l'Allemagne de Bismarck, c'est le même mouvement que dans la France de Napoléon III : des investissements dans l'urbanisme, l'éducation et un contrôle social d'une ampleur formidable. Et ça réussit ! Au lieu de la révolution prévue par Marx, et malgré deux guerres mondiales, l'Europe de l'Ouest connaît au XXe siècle la plus grande prospérité de son histoire.

Les villes européennes abordent les années 1900 avec des avenues assez larges pour accueillir l'automobile,

1. Cette expression désigne l'utilisation de l'argent des dépôts exigibles à court terme pour des investissements à long terme, en espérant que les déposants ne réclameront pas tous leur dû en même temps. Ce genre de pratique crée de la monnaie. De nos jours, elle est attentivement contrôlée par les autorités monétaires (ratio Cooke...). Mais des émissions en monnaies étrangères (eurodollars, euroyens) échappent encore à ces limitations.

bien que tracées avant son invention, et une population assez instruite pour s'intégrer dans l'économie industrielle. L'Europe doit son développement actuel à la structuration urbaine du siècle dernier, qui d'ailleurs n'était pas sans arrière-pensée de maintien de l'ordre, et aussi à sa structuration éducative, qui n'était pas non plus sans intention de contrôle social.

L'analyse des matériaux pédagogiques des années 1850-1900 montre qu'il ne s'agissait pas seulement d'apprendre à lire, écrire et compter. On enseignait au peuple, par des « projections[1] » de « lanternes magiques », qu'il fallait avoir une famille, un logement, envoyer ses enfants à l'école, avoir un travail, renoncer à l'alcool et se conformer en quelque sorte à la morale bourgeoise de l'époque.

Cette référence nous place dans une prospective de la rupture. Si les mêmes causes produisent les mêmes effets, alors, quand la situation devient intolérable, la classe dirigeante prend peur et fait ce qu'il faut pour que ça cesse. La réponse du siècle dernier présente un caractère universel : on structure l'espace, on structure les esprits. Elle est faite de grands programmes, menés avec les meilleures technologies de l'époque. On peut conjecturer que la réponse du début du siècle prochain à la montée des dangers sera de même nature, mais avec des moyens techniques autrement puissants.

1980-2020 : la « société du spectacle »

Le soulagement suivant la chute du mur de Berlin est de courte durée. L'ordre bipolaire de la guerre froide recouvrait une tout autre réalité. L'océan des pouvoirs des blocs se retire, délité par les télécommunications. Les particularismes tribaux et religieux refont surface, tels de vieux rochers qu'on avait oubliés.

1. Jacques Perriault, *Mémoires de l'ombre et du son : une archéologie de l'audiovisuel*, Flammarion, 1981.

Le monde de la fin du XXe siècle est une mosaïque d'ethnies irascibles, attachées à des valeurs du passé, comme fétichisant la possession de territoires ou de positions privilégiées. Après le Liban, la Yougoslavie, l'Inde, l'Asie centrale, l'Afrique sont saisies de pulsions intégristes et de persécutions ethniques. L'Asie se réarme. Des affrontement raciaux, sporadiques et complexes, éclatent ici et là, comme des bulles de haine à la surface du chaudron du diable.

On croyait avoir définitivement banni de telles atrocités. C'était oublier trop vite le désarroi des illettrés, le désespoir du chômage, la réaction à l'exclusion. Sans avenir crédible, on se jette dans les bras des forces du passé. Dans les pays de l'Est, les chefs ont été chassés, mais les sous-chefs sont encore là. Ils représentent un recours, d'esprit plus étroit.

La société de droit avait mis plus d'un siècle à s'installer en Occident. Mais les Occidentaux faisaient semblant de croire qu'elle pourrait en quelques années s'établir à l'Est et y apporter la prospérité demandée. On ne quitte pas facilement des habitudes claniques, voire maffieuses. Pour choisir le nouvel entrepreneur compétent plutôt que le neveu ignare du potentat local, il faut que l'objectivité soit acceptée jusque dans le détail, perçue par tous comme socialement nécessaire et même plus essentielle que les anciens rapports de force[1]. Or, le respect de la force brute est encore là, présent dans une grande majorité de l'espèce humaine, conforté par le succès temporaire de seigneurs de la guerre, le trouble des jungles urbaines et la montée des maffias.

Néanmoins, le nouveau système technique continue sa progression, apportant avec lui de nouvelles façons de faire. La technique est, dans ce monde troublé, le lieu où l'intelligence a raison de la force, et cela jusqu'au cœur du domaine d'élection de la force brute : celui des

1. Parmi les pays communistes, la Chine a été la première à exprimer clairement ce principe d'objectivation : « Peu importe qu'un chat soit blanc ou gris, du moment qu'il attrape les souris » (Deng).

armements. Par ailleurs, la technique moderne relie les hommes, par-dessus les croyances et les frontières. Bien qu'inventée après le téléphone, la télévision est mise en place avant. Elle institue une société du spectacle, planétaire, où la réalité est transfigurée, conditionnée pour capter une attention fugitive. Elle injecte subrepticement des messages publicitaires dans le mental du public, entretient des confusions en même temps qu'elle apporte des vraies informations, sollicite les pulsions en même temps qu'elle fait place aux arts et ouvre à la connaissance de la nature.

Le monde est ivre. Il a perdu ses repères. La surinformation produit des effets hallucinogènes. Des individus s'isolent au moyen de leur Walkman ou se livrent à un dialogue compulsif avec leur jeu vidéo. Comme celle de la fascination, l'habitude de la manipulation des esprits s'installe insensiblement et devient comme naturelle. Avec un « reality show », un inconnu peut en quelques jours se voir adulé de millions de téléspectateurs. Il peut aussi vite retomber dans le purgatoire de la réprobation. On joue *Dallas* à tous les étages.

Les médias enseignent sans le vouloir la passivité. Ils absorbent l'énergie du spectateur dans des intrigues étrangères. Ayant vécu par procuration des événements hors du commun, l'individu n'a plus le désir d'entreprendre à sa propre mesure. Il devient soit mégalomane, soit déprimé. Des millions de personnes cherchent un emploi. Il y a de moins en moins d'entrepreneurs pour les embaucher. Partout, on manque d'employeurs plus que d'employés.

Les milieux financiers sont touchés. Ils interfèrent avec le médiatique. Les grands entrepreneurs rachètent des chaînes de télévision. L'argent et la crédibilité s'enchevêtrent. Les fortunes se font et se défont de plus en plus vite. Un raider peut « lever » en trois coups de téléphone l'équivalent du salaire annuel d'un million de paysans indiens. Les places financières, interconnectées, ballottent des milliards de dollars à travers la planète au gré des vagues spéculatives. Les régions et les métiers sont à la merci d'ouragans imprévisibles, aux causes lointaines, insaisissables et aléatoires.

L'exclusion s'accroît. Les troubles aussi. La crainte du danger monte. On sent comme des forces telluriques qui fermentent dans les banlieues, s'apprêtant à faire craquer l'ancien monde. La chrysalide se prépare à accoucher, mais de quoi ?

2020-2060 : la société d'enseignement

Le capitalisme avait gagné. L'Europe de l'Est, puis la Chine, puis l'Inde s'étaient lancées avec un zèle de néophyte dans la recherche effrénée du profit. Mais, à la fin du XXe siècle, un milliard d'êtres humains ont été chassés de leurs terres par la concurrence des agricultures industrialisées. Leurs enfants sont dans l'errance. Ils ne peuvent plus retourner cultiver la terre, car le savoir-faire de leurs ancêtres ne leur a pas été transmis. Ils ne peuvent pas non plus s'intégrer à la société technologique moderne, car l'école n'était pas prête à les accueillir. Ce sont des « sauvages urbains », des femmes et des hommes élevés hors de toute culture, revenus en quelque sorte à l'état de nature, obligés de considérer la ville comme une jungle et d'y inventer de nouveaux moyens de survie. Plus de la moitié de l'espèce humaine est maintenant urbanisée. L'insécurité gagne le centre des mégalopoles, à Los Angeles comme à Mexico, à Bombay comme à Alger. Il n'y a plus des pays riches d'un côté et des pays pauvres de l'autre, mais des riches et des pauvres à cent mètres les uns des autres, sur toute la planète.

Les événements dramatiques et destructeurs des années 2010 saisissent de peur la classe dirigeante. Le marché des blindages, des serrures et des caméras de protection n'a jamais été aussi florissant. Après quelques années de répression et de protection, il lui faut se rendre à l'évidence : on ne peut pas endiguer cette marée de violence. Il faut s'attaquer à sa cause et changer complètement de stratégie. On croyait à l'économie libérale. Il s'avère qu'elle sert de feuille de vigne à des maffias. Les rapports de force perdurent, mais transfigurés. Ils s'appuient désormais sur des « systèmes-drogues ». Aux stupéfiants anciens sont venus s'ajouter de multiples accoutumances et asservissements, imprégnant le commerce ordinaire, qui enfoncent l'individu dans des comportements autodestructeurs, sur fond de désespoir.

Les défenses des humains sont prises en défaut par cette attaque de leur volonté même. Aussi la réaction est-elle à la mesure de la menace. Le laisser-faire libéral est accusé de laisser-aller. Les formidables moyens de la technique, en particulier les univers virtuels, sont réquisitionnés au nom de la vertu. Les valeurs anciennes sont rejetées. En situation d'urgence, l'ambiguïté n'a plus sa place. Les délicats dosages politiques et la tolérance d'autrefois sont considérés comme décadents, plus dangereux que la force brute, qui au moins s'affiche clairement.

Structurant le mental et les comportements, la société d'enseignement s'établit alors, en réaction à la période précédente, perçue comme laxiste. Elle normalise comme l'école de Jules Ferry ou de l'empereur Meiji, mais avec des moyens autrement puissants. Les esprits sont mis au carré par des logiciels d'entraînement mental. Les tests de conditionnement sont rendus obligatoires, en préalable même à des gestes quotidiens, tels des retraits bancaires.

Aidé d'une technologie appropriée, le contrôle social se fait beaucoup plus strict. L'utilisation de badges magnétiques détectés par radar est généralisée. L'ouverture des portes des bureaux, des commerces et même de certains lieux publics se fait automatiquement, mais seulement devant le porteur du sésame prévu.

Après la dure prise de conscience de la classe dirigeante, la société s'organise autour d'un projet global : la domestication de l'homme par l'homme. Nous ne pouvons pas espérer maîtriser les techniques modernes avec des humains sauvages restés biologiquement au niveau d'un primate des savanes, pense-t-on. On ne sait pas non plus modifier le génome de l'homme pour en faire un être adapté à ce nouvel environnement. Il faut donc le domestiquer. La plasticité de son comportement s'y prête. Elle est due à la « néoténie », ce retard de maturation qui lui permet de conserver jusqu'à l'âge adulte l'adaptabilité des enfants. Les marchands l'avaient exploitée pour fidéliser le client. Il faut maintenant le mettre au service d'un processus énergique d'adaptation : l'enseignement.

Les grands projets techniques sont lancés. D'abord des cités marines, pour désengorger les côtes saturées et accueillir des masses de population errantes, puis d'immenses opérations d'urbanisme. On supprime les quartiers insalubres. On construit dans des lieux isolés des cités d'enseignement, capables d'intégrer les « animaux humains » dans un environnement scientifique et technique.

Les espaces ruraux délaissés par suite des migrations vers les villes sont réappropriés par des organismes d'aménagement, qui établissent un programme planétaire de reboisement et de réhabilitation de la nature.

On se met d'accord sur un immense projet de vie dans l'espace, dans un esprit de conquête, comme la plus grande démonstration des capacités de l'espèce humaine, désormais capable d'échapper même à la mort du soleil. On veut aussi y transporter des performances. Dans une planète creuse tournant au ralenti, où règne une pesanteur dix fois plus faible que sur terre, le patinage artistique, le saut à ski et le vol libre deviennent des spectacles fabuleux. Ce sont des cathédrales médiatiques, à la gloire du corps humain.

Mais les dirigeants conservent aussi une arrière-pensée. Le jour venu, les cités lointaines et isolées, les villes marines et même les planètes creuses artificielles ne seraient-elles pas bien utiles pour se débarrasser des personnages indésirables sur terre ? La colonisation du Nouveau Monde s'était grossie des marginaux et délinquants dont ne voulait plus la vieille Europe. Il y a des héros chez les pionniers. Il y a aussi des desperados qui s'échappent d'un monde hostile.

2060-2100 : la société de création

Les contradictions de la période précédente deviennent sensibles. L'éducation de masse, démultipliée par les formidables moyens techniques de l'industrie hallucinogène, a mis au moule les cerveaux. La paix sociale se paie en baisse de créativité.

Les dangers sont éloignés. Mais les nouvelles générations, éduquées aux disciplines du corps et de l'esprit, sont beaucoup mieux armées qu'autrefois. Elles veulent exercer leur autonomie. Le conformisme de la période précédente est accusé de contrarier les pulsions, de s'opposer au mouvement de la vie même.

On se méfie désormais des performances intellectuelles machinales. La compétition homme machine, avec ses jeux délirants, était allée jusqu'aux olympiades. Trop d'exercice mental ferme la voie du cœur. On s'affirme désormais autrement, par des démonstrations d'indépendance et d'universalité. L'homme veut organiser le monde, dit-on, mais il n'est même plus capable de survivre à la lisière de la forêt où vécurent nos ancêtres, précisément là où l'espèce humaine s'est biologiquement constituée.

Les nouvelles cellules de vie sont petites, portables et autonomes. Elles peuvent s'installer n'importe où : dans le désert, sur la banquise, au fond des mers, dans une planète creuse. La qualité de l'expérience vécue, la capacité de résoudre la survie avec les moyens du bord, le talent à transformer des contraintes en défis, la création d'environnements nouveaux, adaptés à l'éthologie humaine, sont perçus comme vraiment porteurs de valeurs universelles. L'Homme se prépare à un destin cosmique.

Ainsi, la société de création se constitue en refus des contraintes des formations musclées de la période précédente. Elle recherche la liberté à la fois par plaisir et par nécessité : le plaisir de créer et la thérapie de la créativité, vécue comme un bol d'air au sortir d'une norme étouffante.

Tableau d'évolution du prochain siècle

Plutôt que de meubler les trois étapes de ce scénario, je préfère présenter un tableau où se trouve concentré le résultat des consultations et des estimations qualitatives que j'ai faites. Il m'a servi à vérifier la cohérence, pour chaque époque, des différentes lignes, telles que les informations provenant des spécialistes permettaient de les pressentir. Il a donc été construit avant le scénario, puis progressivement modifié après.

On peut simplement le lire, mais aussi l'utiliser pour écrire des récits du futur, en faisant des exercices de créativité à partir des indications fournies dans certaines des cases, ou encore pour consulter des experts. Pour cela, on efface les trois dernières colonnes. On demande à chaque expert de les remplir à son idée, puis on compare, on complète et on délibère à partir des contenus qu'ils ont inscrits dans chaque case.

TABLEAU D'ÉVOLUTION DU PROCHAIN SIÈCLE

Scénario 1900-2100

	1900 1,6 milliard	1940 2,4 milliards	1980 5 milliards
Population		Domination européenne sur un monde colonisé	Croissance démographique du Sud, ralentissement du Nord
Santé		Débuts de la vaccination de masse	Diminution de la mortalité infantile des pays pauvres, diffusion des antibiotiques
Urbanisation		Réseau des capitales des pays riches, villes « lumière »	Croissances urbaines autour des industries de masse
Transports		Chemins de fer, voies d'eau	Automobile, aviation
Environnement, agriculture		Marchés locaux traditionnels	Industrialisation, surproduction, exode rural, marché mondial
Commerce, industrie		Taylorisme, petit commerce	Industrie de main-d'œuvre, délocalisation et automatisation
Énergie, matières premières		Charbon, mines de fer	Pétrole, électrification des pays riches
Communication		Radio populaire, téléphone limité aux notables	Télévision mondiale, téléphone professionnel
Finance		Étalon or, crise de 1929	Étalon dollar,concentration des banques
Conflits		Deux guerres mondiales entre États-nations, aviation et blindés	Guerre froide entre les deux blocs, dissuasion nucléaire
Éducation		Enseignement laïque de base : Europe, États-Unis, Japon	Montée en puissance des universités, institutionnalisation de la recherche
Spiritualité et religions		Christianisme des colonisateurs	Scientisme dominant, montée de l'islam
Culture		Mondialisation de la culture européenne	Musique populaire, domination anglophone
Ambiance générale		**Société de production**	**Société de consommation**

Scénario 1900-2100

2020 8 milliards		2060 10,5 milliards	2100 12 milliards
Migrations Sud-Nord, montée en puissance des ex-colonisés	Contrôle généralisé des naissances, la contraception gagne le Sud		Stabilisation mondiale, vieillissement, choix génétiques de reproduction
Maladies moléculaires : cancer, cardio-vasculaire, sida	Automédication et prévention ; maladies mentales		Biotechnologie : organes biocompatibles (branchies), réincarnation artificielle
Mégalopoles. La moitié de l'espèce humaine est urbanisée, bidonvilles	Début de la délocalisation : villes moyennes, cités marines, technopoles.		Population en migration détachée d'un territoire particulier, villes défis, villes vertes, biosphères
TGV, métros, navigation de plaisance, débuts du véhicule électrique	Habitat transportable par dirigeable, travail nomade		Tourisme dans des planètes creuses artificielles, sortie du système solaire
Début du reboisement, diversification qualitative, petits produits à la ferme	Reconquête de la terre, aménagements touristiques, police écologique mondiale		Le jardin planétaire, océans compris
Tertiarisation, petites entreprises de pointe	Industries culturelles, ludiques éducatives, design, télé-achat		Essor des bio-industries, êtres vivants artificiels
Économie d'énergie, débuts de l'hydrogène	Tout électrique mondial, diversité des sources, solaire		Exploitation de la lune et des astéroïdes pour construire dans l'espace
Fax, téléphone portable mondialisé, mémoires laser, visiophone	Bases de connaissances mondiales : technologie, tourisme, éducation... multimédia portatif.		Télépathie artificielle, concrétisation des rêves, communication thérapeutique
Système tripolaire, dollar, yen, ECU, interconnexion	Monnaie mondiale, ethnobanque (type Grameen)		Système « hanséatique », monnaies privées généralisées
Conflits tribaux et religieux, terrorisme et médiatisation, montée des pouvoirs maffieux	Luttes d'influence pour le contrôle des psychismes ; virus informatiques		Conflits autour de la gestion de l'oubli, batailles entre êtres quasi vivants artificiels
Désarroi et concurrence des médias, déficit du savoir pratique	Énergique reprise en main, enseignement secondaire pour tous. Règne des univers virtuels		Éducation ludique visant le développement personnel, l'éthique et la maîtrise des techniques de survie
Opposition : intégrismes/ nouvelle spiritualité	Les sciences cognitives, rationalisation de l'irrationnel		Les trois connaissances : rationalité, transe, créativité
Renaissance des cultures locales, vidéo populaire, jeux	Traductions interculturelles normalisées		Création artistique de décors artificiels à portée du public, par vidéomatique
Société du spectacle	**Société d'enseignement**		**Société de création**

Les enseignements de l'histoire des techniques

Nous abordons le IIIe millénaire dans un brassage mondial. Depuis cinquante ans, le transport aérien a mis les voyages au long cours et l'émigration à portée de centaines de millions d'humains. Les peuples vivaient chacun sur leur territoire, base nourricière de l'ancienne société agraire qu'ils gardent encore jalousement en souvenir. Chinois, Indiens, Africains, Mexicains, pour la première fois depuis l'invention de l'agriculture sédentaire, les voilà tous nomades et en diaspora [1], répandant leurs chromosomes, leurs musiques et leurs cuisines sur la planète entière. Désormais, il ne s'agit plus de savoir si telle ou telle civilisation sera dominante dans telle ou telle région, mais bien de comprendre comment peut évoluer la civilisation mondiale, bigarrée mais unique, déjà équipée des mêmes automobiles, des mêmes machines à laver et des mêmes téléphones. Néanmoins, la diversité des expériences du passé est pleine d'enseignements. En faisant un tour du monde des techniques et de leurs rapports avec les civilisations où elles sont écloses, nous pourrons soupeser les chances de cette civilisation mondiale, les erreurs à ne pas commettre et définir les conditions de son succès.

Quoi de neuf depuis mille ans ?

Si nous nous replaçons mille ans en arrière, au Xe siècle, l'Europe n'était pas la civilisation la plus avancée. L'Islam avait développé l'enseignement, perfectionné la médecine, inventé l'algèbre, traduit et retransmis la philosophie grecque, mobilisé les meilleurs artisans à la construction de palais et de mosquées, diffusé la boussole, la fabrication du papier, des systèmes performants de cultu-

1. Gérard Chaliand et Jean-Pierre Rageau, *Atlas des diasporas*, Odile Jacob, 1991.

res irriguées. Plus que des créateurs, les Arabes ont été des transmetteurs de techniques entre les nombreuses régions qu'ils contrôlaient. L'Islam faisait alors l'admiration des observateurs pour sa science, ses vergers et ses jardins. Il apportait la prospérité sur son passage[1].

À l'époque, les Chinois étaient encore plus créatifs. Ils avaient inventé la poudre à canon, la pâte à papier, l'imprimerie à caractères mobiles quatre siècles avant Gutenberg, et avaient fabriqué les premières grandes horloges. Leur empire était ordonné à partir d'un pouvoir absolu. Sa fonction publique était composée de lettrés, recrutés aussi objectivement que possible, par concours. Si l'on montrait aujourd'hui à un expert « martien » la technique du XXe siècle, puis l'état des différentes civilisations au Xe siècle, il dirait sans nul doute que celle où le monde moderne a toutes chances d'éclore, c'est la Chine. Et cependant, tel n'a pas été le cas. Pourquoi ?

En posant cette question, nous entrons au cœur du débat de la prospective. Faute d'une lecture de l'histoire capable d'expliquer la montée et le déclin des civilisations, les prospectivistes sont bien embarrassés pour évaluer les chances de la nôtre dans les siècles à venir et les dirigeants sont réduits à s'appuyer sur des doctrines douteuses ou des vérités incantatoires. Notre siècle a connu tant d'idéologies dévastatrices que ses intellectuels se sont réfugiés dans le scepticisme, faisant comme si l'esprit humain était définitivement incapable d'une lecture fondée des grands mouvements de la société. On peut comprendre cette méfiance. Mais que l'on me permette aussi de ne pas participer à un découragement qui, en définitive, ne peut rien apporter de positif. Je tenterai quand même une lecture, ou plutôt j'indiquerai une voie de recherche qui devrait permettre d'y accéder.

La description des conflits et des oppressions ne suffit pas, et de loin, à saisir l'évolution de l'espèce humaine.

1. Fernand Braudel, *Grammaire des civilisations*, Arthaud, 1987.

Les ratés de l'histoire ne sont pas l'histoire. Si les tentatives d'explication ont jusqu'à présent échoué, c'est sans doute faute de données pertinentes. On cherche à comprendre, mais en regardant au mauvais endroit. Le fond d'une civilisation est fait de vie quotidienne. Il s'inscrit dans ce qui permet aux hommes de survivre : la technique. Évitons le piège de l'histoire officielle, celle des princes, de leurs cours et de leurs batailles, précisément celle qui a été bâtie comme un spectacle pour être racontée. Intéressons nous à la vérité des coulisses, même si l'évolution des techniques a été peu étudiée. C'est une matière difficile, beaucoup plus foisonnante et moins « visible ». Mais elle est déterminante, elle donne leur forme aux structures sociales.

Stabilité de la Chine, pourquoi ?

Prenons donc le cas, évoqué plus haut, de la Chine au Xe siècle. L'empire du Milieu est centralisé. Ses inventions (la poudre à canon, la pâte à papier, l'imprimerie, les horloges) éclosent à la Cour et sont utilisées pour les besoins ou les plaisirs impériaux. La poudre sert à faire des feux d'artifice, dont les Chinois raffolent, le papier et l'imprimerie à diffuser les décrets et les instructions impériales. Quant à l'horloge, elle eut un sort malheureux, qui vaut la peine d'être conté :

La première horloge est due au moine bouddhiste tantrique et mathématicien Yixing. Elle date de 725. On la nomma : « la carte du ciel sphérique, en forme d'œil d'oiseau, mue par l'eau ». On la plaça bien en vue des ministres et fonctionnaires, dans le palais même. En 730, les candidats aux examens officiels durent écrire chacun un essai à son sujet. Mais, peu de temps après, le mécanisme commença à rouiller. Hors d'usage, elle fut reléguée au « musée du collège de tous les sages ». La plus grande horloge chinoise fut la « machine cosmique » de Su Song, construite en 1092. Elle avait dix mètres de haut, et était surmontée d'une sphère armillaire, d'où l'on pouvait observer la position des étoiles.

Reconstitution de l'horloge de Su Song[1]

Les observations du ciel coïncidaient avec les données de la machine, dit-on, « comme les deux moitiés d'une taille ». Une pagode à cinq étages lui faisait face. Des personnages, des jaquemarts, sortaient par les portes de la pagode, sonnaient des cloches, frappaient des gongs, tous animés par le mouvement de la machine.

1. Extrait de David S Landes, *L'Heure qu'il est : les horloges, la mesure du temps et la formation du monde moderne*, « Bibliothèque des histoires », Gallimard, 1987.

L'horloge de Su Song fonctionna de 1092 à 1126. Quand la dynastie Song perdit sa capitale, Kaifeng, elle fut démantelée et reconstruite à Pékin, où elle resta en service encore quelques années. Mais les membres de la faction politique opposée à celle dont Su Song avait été membre — il était conservateur — exigèrent la destruction de l'horloge pour des raisons politiques, car elle représentait un vestige de l'ère précédente — l'ère Yuan you, deux ans auparavant. Le sous-directeur de la bibliothèque impériale réussit à faire retarder la décision en intervenant auprès du Premier ministre. Mais la nouvelle faction parvint au pouvoir et personne ne put alors empêcher la destruction de la machine. « Quelle honte », dit un texte de l'époque [1].

Quand la technique dépend des mouvements d'humeur et des intrigues du pouvoir, elle n'est pas enracinée dans le quotidien de la vie populaire ; elle peut donc être oubliée ou détruite. Les Chinois redécouvriront la mesure mécanique du temps quand les jésuites leur apporteront des horloges d'Occident.

La Chine était une civilisation rurale. Le seul domaine technique où le savoir était retransmis à la « société civile » comme on dit maintenant, était l'agriculture et l'irrigation. Les plus grands empereurs s'enorgueillissaient d'avoir rédigé un traité de gestion des eaux. Ce savoir-là les mettait en communion directe avec le peuple. Le reste passait pour plus futile, sauf en ce qui concerne le maintien de l'ordre, nécessaire pour protéger les paysans des pillages. C'était d'ailleurs le maillon faible. Vue sur plusieurs millénaires, l'histoire de la Chine est une succession d'oscillations entre des périodes où le pouvoir central est fort, et fait respecter la justice, et d'autres où règnent des « seigneurs de la guerre », féodaux dévoyés ou bandits de grand chemin, qui pillent et rançonnent les campagnes. Si la Chine est restée centralisée, c'est que le centre, même abusif, était un recours. Le pouvoir impérial est resté ancré dans la mentalité chinoise,

1. A propos des choses de jadis au-delà de la Wei sinueuse, de Zhu Bian en 1140. D'après *Quand la Chine nous précédait*, Robert K. G. Temple (équipe de Joseph Needham), Bordas, 1987.

alors que le Japon et l'Europe se sont tournés vers des systèmes féodaux, c'est-à-dire polycentriques. La Chine était, de toute éternité, dans un balancement de flux et de reflux : les saisons, les récoltes, le pouvoir, le confucianisme et le taoïsme, le yin et le yang, chaque chose et son contraire coexistait et s'activait à son tour. On ne pouvait pas rompre les cycles. L'idée même de progrès n'avait pas sa place.

Ouverture puis fermeture de l'Islam, pourquoi ?

Le cas de l'Islam est tout aussi significatif. Voilà une civilisation, à ses débuts créatrice, éveillée, à l'affût de tous les progrès de la science, des techniques et de la pensée. Par exemple, un Chinois, capturé en 751 à la bataille de Talas, apprend aux Arabes comment fabriquer du papier. Le papyrus devenait rare et cher. Le besoin d'écrire et de transmettre était vivace. La première fabrique est installée à Bagdad en 795. Au Xe siècle, le papier prend définitivement le pas sur le papyrus. Bagdad compte alors plus d'un million d'habitants, alors que les villes européennes, telles que Paris, n'atteindront trois cent mille qu'au XIVe. Au XIIe, des centaines de moulins à papier sont en fonctionnement au Maroc, dans la région de Fès. Déjà, la société musulmane de l'an mil est beaucoup plus raffinée que celle de l'Europe. Elle lui transmet l'algèbre, la philosophie, la médecine, l'irrigation, des instruments de navigation. Puis elle se fige. Depuis le XIIe, elle se complaît dans la psalmodie, le superlatif et la répétition. Pourquoi ?

Si l'on regarde plus précisément l'attitude des Arabes face à la technique, on pressent que, malgré leur curiosité pour certaines nouveautés, ils ne s'accordaient pas sur l'idée d'un progrès général. Les nombreux traités techniques sont surtout des compilations d'ouvrages plus anciens, datant des Romains. En matière d'agriculture, les habitudes régionales subsistent. Les Persans gardent leur forme d'araire, les Égyptiens la leur. Les progrès faits en irrigation dans le sud de l'Espagne ne sont pas transférés aux autres régions. On sent la priorité des particularismes locaux. L'Islam a seulement recouvert une mosaïque de sociétés tribales, aux cultures immobiles et intransigeantes. Sa recherche s'est focalisée dans quelques centres intellectuels, en Perse, en Égypte, à Cordoue. Elle n'a pas imprégné le peuple.

Puis, au XIIe siècle, à Cordoue, s'est déroulée une des plus grandes histoires d'amour que l'esprit humain ait connue [1]. S'y trouvaient à la fois Maimonide, sage et logicien juif, auteur du *Guide des égarés* ; Ibn al-'Arabi, mystique sublime dont la profondeur nous appelle encore ; Averroès, puits de connaissance scientifique, philosophique et technique ; enfin Alphonse X le Sage, roi chrétien tolérant entre tous, si tolérant qu'il sera éliminé par les siens. Ces différents personnages disaient la même chose : la Connaissance (au sens fort du terme) doit être accessible à tous les hommes, quelles que soient leur origine, leur foi, leur appartenance, leur richesse ou leur pauvreté. D'accord sur l'essentiel, ces sages, à partir de leur diversité, inventaient les prémices des droits de l'homme.

Je crois que cette communion entre de si grands esprits a été une expérience trop forte pour l'époque, une sorte de séisme spirituel. Par peur, les réflexes particularistes se sont déclenchés. Les trois communautés ont alors tourné le dos à l'amour, et sont parties chacune dans des directions différentes. Les Espagnols sont passés à la Reconquête, à l'Inquisition, puis sont allés saccager l'Amérique latine. Depuis, leurs chants d'amour sont des platitudes, des litanies désespérées.

Les musulmans, entraînés par les vociférations d'al Ghazali contre les philosophes *(falsafa)*, leurs doutes et leurs discussions, ont déclaré la fermeture de l'*ijtihâd* [2], le moratoire des recherches. Ils ont fait comme si le monde s'était arrêté et ne pouvait plus, désormais, que vivre dans le souvenir des perfections anciennes. Quant aux Juifs, ils ont repris l'errance. Pour les chrétiens, l'amour a été inversé en destruc-

1. Le musée organisé par Roger Garaudy au bout du pont du Guadalquivir restitue le parfum de ce qui s'est passé.

2. Le chemin de perfectionnement que fait le croyant pour se rapprocher de son Dieu.

tion. Pour l'islam, il a été projeté dans le passé. La société musulmane s'est désintéressée de l'avenir.

Encore maintenant, chez les traditionnalistes, ce qui est important, porteur d'avenir, reste voilé. Le dévoilement est perçu comme proche du blasphème *(bidda)*. Il est alors difficile (mais pas impossible[1]) d'innover, car innover, c'est dévoiler ce qui n'est pas encore visible.

Le Coran sert souvent de couverture au maintien d'archaïques coutumes tribales (sexisme...) antérieures au Prophète. Ainsi, tout en faisant semblant de vénérer Mahomet, ses dévots nient dans leurs actes qu'il ait changé le monde et inauguré une ère nouvelle. Le déclin de la civilisation islamique, tel que l'analysait autrefois Ibn Khaldūn, est la traduction concrète de l'irréalité des dirigeants, qui préfèrent la poursuite de leurs fantasmes au constat de la réalité. Alors que le peuple souffre et s'appauvrit, ses chefs et leur cour s'enivrent de mots et de munificences.

Ce comportement n'est pas spécifique de l'Islam. Il se retrouve régulièrement dans l'histoire, si bien qu'on peut l'appeler « principe d'irréalité ». Il s'énonce ainsi : tout système dirigeant, placé en position de confort, tend à se désintéresser de la vie concrète du peuple et de l'évolution des connaissances et des techniques. Il consacre le maximum de son temps à ses intrigues internes. Il conserve ses habitudes de pensée et ses explications du monde envers et contre l'évidence des faits, sauf s'il est menacé dans sa survie ou dans son maintien au pouvoir. Ainsi, pouvoir et progrès font rarement bon ménage, comme nous allons le voir dans le cas de l'Europe.

Premier envol : le XIIe siècle européen

Après la stabilité chinoise et le déclin musulman, on peut se demander pourquoi l'extraordinaire explosion de

1. On trouve, en pays islamique, des microcultures entrepreneuriales : voir par exemple le travail de Pierre-Noël Denieuil sur la mentalité entrepreneuriale de Sfax (Tunisie).

création technique du monde moderne s'est produite en Europe, région qui, au Xe siècle, était habitée d'une population rurale, gouvernée par une féodalité fruste et sportive, plongée dans l'incertitude après la décomposition de l'empire de Charlemagne [1]. Rien ne la prédisposait à une pareille destinée.

Alors que les civilisations tendent à stabiliser leur système technique [2], et peuvent vivre en harmonie, sans changer leur technologie pendant plusieurs siècles, l'Europe a connu, dès la fin du XIe siècle, une profonde déstabilisation, la grande révolution agraire du Moyen Âge ; puis une autre au XVIIIe siècle, la révolution industrielle ; et actuellement commence une troisième révolution, mondiale cette fois : celle de l'immatériel.

La faille qui permit au changement de s'introduire dans cette civilisation-là, alors que les autres y résistaient, c'est, à mon avis, l'absentéisme du pouvoir. Les chevaliers étaient partis en croisade, mais pourquoi ? Pas seulement pour les motifs officiels que nous a transmis l'hagiographie cléricale, mais aussi pour des raisons beaucoup plus concrètes, liées à la situation objective de l'époque. Dès le XIe siècle apparaît un désaccord entre le pouvoir temporel féodal d'une part, et le pouvoir spirituel de l'Église et des monastères d'autre part. Les trop nombreux enfants de la chevalerie, désœuvrés, se livrent à des pillages. Ils font des chevauchées fantastiques à travers champs, ce qui endommage les récoltes et pillent même les monastères. Après quelques tentatives infructueuses pour maîtriser ces débordements, l'Église invente les croisades [3] : allez donc voir en Terre sainte si j'y suis ! Idée géniale, qui va canaliser l'excès de vitalité et la soif d'idéal de cette jeunesse prédatrice. Les croisés s'étant opportunément absentés, les initiati-

1. Guy Bois, *La Mutation de l'an mil*, Fayard, 1989.

2. Voir Bertrand Gille (dir.), *Histoire des techniques*, « Bibliothèque de la Pléiade », Gallimard, 1978.

3. La première part vers Jérusalem en 1096. Sur l'actualité des croisades, voir J.-C. Guillebaud, « Sur la route des croisades », *Le Monde*, 20.07.1993.

ves commencent à fleurir. Les régisseurs des domaines ruraux vont au marché (c'était interdit), mettent de l'argent de côté, investissent, défrichent, essaient de nouvelles cultures. Libérée de sa classe dirigeante, l'Europe commence à entreprendre.

Parallèlement, les monastères se trouvent en difficulté financière. Ils avaient accumulé une population considérable (quelque vingt-cinq mille moines pour le seul ordre de Cluny). Leurs domaines étaient immenses. Mais, occupés à chanter des cantiques jusqu'à sept heures par jour, refusant de cultiver eux-mêmes, ils confiaient la gérance à des paysans, lesquels s'attachaient à brouiller les pistes, dissimulant les récoltes et même les traces d'appartenance. Alors, faute de ressources, alourdi de dépenses excessives, Cluny se trouve en cessation de paiements.

Financièrement fragilisée, l'Église est en même temps menacée dans son hégémonie spirituelle. L'hérésie venue d'Orient, par l'intermédiaire des marchands, se propage dans le nord de l'Europe, avant de gagner à sa cause le comté de Toulouse et les « Albigeois ». C'est contre elle que sera construite l'Inquisition. Héritiers d'une longue tradition dualiste, antérieure même au christianisme[1], ces hérétiques, les cathares, expliquent qu'il n'est pas besoin de l'Église pour se rapprocher de la divinité. Bien plus, ils soupçonnent Rome d'être une manifestation des forces du mal, vu qu'elle prétend représenter un Dieu pauvre, tout en faisant étalage d'immenses richesses. En effet, les prélats et les moines de cette époque menaient grand train, dépensaient allégrement les redevances de leurs domaines et se livraient à de multiples frasques sans grands risques, leur statut privilégié et sacralisé les plaçant au-dessus des lois.

Tout aussi dangereuse pour l'institution cléricale était la

1. Les zoroastriens (~ 800 av. J.-C.) étaient déjà dualistes. Pour eux, le monde est le théâtre d'une lutte entre les forces de l'ombre et celles de la lumière. L'affrontement de ces deux principes, également « surnaturels », doit se terminer par la victoire de la lumière, mais... à la fin des temps.

controverse qui se développait au-dedans, initiée par Abélard. L'esprit vif, armé d'une logique implacable, ce moine turbulent se livrait à des joutes oratoires au centre de Paris, sur la Montagne-Sainte-Geneviève, devant ses étudiants. Il prétendait commenter directement les textes sacrés, sans nécessairement se référer aux exégèses qu'en avait fait l'Église. Cela peut nous paraître anodin. À l'époque, c'était un enjeu stratégique. Sous la liberté de commenter, il ne s'agissait rien moins que d'introduire la liberté de penser. Avec sa *disputatio*, Abélard fonde la notion moderne d'université, qui prendra le relais d'Averroès et des maîtres de Cordoue. La flamme du doute philosophique était passée en Europe. Elle ne s'éteindra plus.

Alors, dans l'Église menacée, tout est mûr pour qu'on s'en remette à un ascète à la poigne de fer : Bernard de Clairvaux, le futur saint Bernard [1]. À partir de 1117, il impose ses idées. C'est la révolution cistercienne : travailler de ses mains, comme le veut la règle originelle de saint Benoît, fuir la ville, nouvelle Babylone, lieu de corruption, bannir le luxe et la décoration, rendre des services concrets au peuple des campagnes. Les connaissances accumulées dans les manuscrits du réseau monastique, qui avait alors le monopole de la circulation du savoir, sont mobilisées au service du sauvetage de Cluny, qui se termine en triomphe. Des centaines de monastères se rallient à cette nouvelle doctrine. De nouveaux établissements sont construits dans des lieux inexploités, au désert comme on disait alors avec emphase. Au total sept cents abbayes filles en deux siècles. Pendant la période de plus grande expansion (1145-1150), on en comptera une de plus par semaine ! Elles diffusent le savoir technique dans le monde rural environnant. La sélection des semences et des animaux, la généralisation des moulins, source d'énergie servant non seulement à moudre, mais aussi à scier le bois, fouler le drap, actionner des soufflets de forge, datent de cette époque, comme le soc de charrue en fer et le collier d'attelage, qui permettent les grands défrichements. Les marchés se développent et s'internationalisent. Au XIIIe siècle s'établit autour des villes de la Balti-

1. Il ne manquera pas de fustiger les audaces d'Abélard.

que (Lübeck, Brême, Cologne, Dantzig, Goslar, Hambourg, Lunebourg, Reval, Riga, Rostock, Stralsund) une circulation d'échanges internationaux, qui préfigure le grand capitalisme[1]. C'est l'organisation « hanséatique ». Elle donne lieu à une forme de gouvernement « isonomique[2] ». Elle établit des règles strictes de fonctionnement du commerce. Elle mobilise les meilleures techniques de navigation : les *cogge* atteignent les 120 tonnes[3] et sont équipées pour la première fois du gouvernail d'étambot.

Le gouvernail d'étambot
(apparu sur le sceau de la ville d'Elbing en 1242)

Ils préfigurent les vaisseaux qui partiront à la conquête de l'Amérique aux siècles suivants. L'attachement des

1. Voir Albert d'Haenens, *L'Europe de la mer du Nord et de la Baltique, le monde de la Hanse*, Albin Michel, 1984.

2. Étymologiquement : qui se tient en équilibre par lui-même. La collectivité des notables exerce un pouvoir collectif, dans lequel aucun n'est dominant, mais où chacun doit rechercher le consentement des autres.

3. L'épave retrouvée en 1962 dans le port de Brême mesure 23,5 mètres de long sur 7,5 mètres de large et un tirant d'eau de 2 mètres. Elle comprenait un équipage de 15 à 20 hommes. Elle avait coulé peu après son achèvement, vers 1380.

cités saxonnes à leurs foires date de cette époque. La prospérité devient explosive. La population double entre 1100 et 1300.

Déclin, Renaissance et révolution industrielle

Malheureusement, cette expansion se termine mal, très mal. Au début du XIVe siècle, la densité atteint une quarantaine d'habitants au kilomètre carré. C'est le maximum que peut nourrir ce système technique rural. Les aléas climatiques suffisent à causer les premières famines (1316). La grande peste de 1348 arrive dans une population déjà affaiblie. Elle tue en un an le tiers de la population européenne. Elle sera récurrente et endémique jusque vers 1475. Arrive la guerre de Cent Ans. Au total deux siècles de malheurs, qui ont marqué la conscience européenne comme une sorte de faute originelle et mystérieuse, un écart des hommes par rapport à l'ordre du monde qu'il faut s'attacher à rattraper. Cette chute s'accompagne d'un durcissement. La technique est à nouveau confisquée. Les corporations se reconstituent. Les territoires professionnels se précisent[1]. L'innovation devient de moins en moins possible à mesure que le maillage des interdits se resserre. Les moyens de production sont confisqués par les institutions en place, lesquelles se maintiennent, faute de mieux, comme recours contre les malheurs.

La population est réduite de moitié entre 1300 et 1500. Elle revient à son niveau d'avant la grande prospérité médiévale. Ce qu'on appelle la Renaissance[2] n'est que la fin de ce grand et douloureux déclin. L'essentiel avait été inventé avant. Les grands ingénieurs, comme Léonard de Vinci, mettent en forme des réalisations déjà

1. *Le Livre des métiers* d'Étienne Boileau (XIIIe) fait un inventaire impressionnant de tous les interdits corporatistes. L'innovation est muselée.
2. Fernand Braudel, *Civilisation matérielle, économie et capitalisme, XVe-XVIIIe siècle, Armand Colin, 1986.*

connues[1]. Le fond de la technique ne changera pas jusqu'au XVIIIe siècle, sauf sur deux points :

1. L'espace : un élargissement du monde, avec la conquête de l'Amérique et surtout l'installation des premiers circuits commerciaux planétaires, déploiement mondial de ce que le système hanséatique avait inauguré dans la Baltique.

2. La communication : l'imprimerie a d'abord des conséquences religieuses. Malgré l'Inquisition, l'Église ne peut empêcher les fidèles de lire et commenter par eux mêmes le texte sacré. À cause de la diffusion du Livre, le protestantisme devient incontrôlable. Deux siècles plus tard, l'imprimerie aura des conséquences technologiques : par la publication de l'Encyclopédie (24 000 exemplaires), le savoir jalousement détenu par les corporations est mis dans le domaine public. Il alimentera l'extraordinaire créativité de la révolution industrielle.

Au XVIIIe siècle, le scénario de la révolution industrielle présente des ressemblances troublantes avec celui du Moyen Âge. Depuis Louis XIV, la classe dirigeante se trouve affaiblie et divisée. Celui-ci, dès sa jeunesse, répond à la Fronde en attirant les nobles à sa cour, fabuleuse mise en scène, merveilleux[2] miroir aux alouettes Ce faisant, il les éloigne de leurs domaines ruraux, qu'ils sont censés gérer. Les intendants en profitent. A la seconde génération de jeux de cour, la noblesse est devenue incompétente, et le clergé ne vaut guère mieux. Alors, dans cette classe dirigeante en lévitation, atteinte d'irréalité, se constitue un courant minoritaire novateur, comme autrefois les cisterciens de saint Bernard, qui réclame un retour aux fondements. C'est le mouvement philosophique des Lumières, dont les idées inspirent la Révolution française. Là encore, la destructuration du pouvoir précède l'innovation technique et la prospérité économique, sa fille.

1. Voir Bertrand Gille, *Les Ingénieurs de la Renaissance*, Seuil, 1978.
2. Voir Norbert Elias, *La Société de Cour*, « Champs », Flammarion, 1985.

Dans le cas de la Grande-Bretagne, qui connaît la révolution industrielle avant la France, on constate aussi un affaiblissement du pouvoir central, doublé d'une crise. La concurrence des soieries indiennes, travaillées — déjà — avec une main d'œuvre à très bas prix, menace la laine britannique. C'est toute une chaîne économique, depuis le mouton jusqu'au tissage rural, qui est remise en cause. On interdit, on réglemente, on brûle des cargaisons de marchandises. La pression subsiste. Elle cause une restructuration foncière agricole par la classe montante des landlords. Elle ouvre la voie aux inventions de l'industrie, qui s'établit d'abord dans le textile, avec les filatures et tissages mécaniques. La concurrence indienne est alors vaincue par l'avance technologique des machines.

Pour faire comprendre l'articulation de ces différents moments, je n'ai pu qu'esquisser l'analyse, à la limite de la caricature. J'espère néanmoins avoir fait comprendre que l'histoire a connu des montées et des déclins de civilisation dans lesquels l'évolution des techniques s'entremêle intimement à celle des pouvoirs, et cela depuis les débuts de l'agriculture.

Le spectacle des fresques de Persépolis, montrant l'apogée des Mésopotamiens, inventeurs de l'agriculture et de l'écriture, ou celui des temples de Karnak, révèlant la puissance des plus grands bâtisseurs du monde, les pharaons d'Égypte, comparés aux populations misérables qui vivent maintenant à leurs pieds, constituent des démonstrations évidentes de déclin.

À mesure que l'archéologie progresse, les vestiges de civilisations oubliées nous apparaissent plus clairement. Ils nous obligent à la modestie, mais alimentent aussi notre inquiétude. Les civilisations sont mortelles. Il n'est plus possible de voir l'évolution de l'espèce humaine comme une longue marche vers le progrès, que troubleraient seulement, ici et là, quelques guerres.

Vers la dématérialisation de la technique

En étudiant l'état de la technique contemporaine, il m'est apparu que nous vivions aujourd'hui une transformation encore plus importante que la révolution industrielle et la révolution agraire du Moyen Âge. Pourquoi ? parce que, avec la transmission instantanée du son et de l'image, on change d'écriture. On écrit de plus en plus en audiovisuel, et cela transforme insensiblement la substance même de la civilisation. Depuis la Mésopotamie, la « microphysique du pouvoir[1] » s'appuie sur l'écriture. Elle sert à prendre acte des droits de propriété, à mémoriser les transactions, à afficher les lois de la cité... La révolution industrielle peut être analysée comme une conséquence lointaine du développement de l'imprimerie. Celle qui se présente devant nous est un bouleversement bien plus radical encore. Elle change tout. Le support : plus de papier, il devient magnéto-optique. Les vitesses d'écriture et de lecture : elles vont un milliard de fois plus vite que l'homme. La transmission : elle se fait à la vitesse de la lumière, d'un bout à l'autre de la planète. Le contenu : il montre des images et des sons, soit un rendu de la réalité plus présent que la réalité elle-même.

Malgré l'exceptionnelle nouveauté de ce changement technique, on peut quand même essayer, en procédant par comparaison avec les transformations antérieures, de décliner les différents aspects de la technologie future et des organisations qui l'accompagnent. En examinant les quatre pôles des techniques contemporaines : les matériaux, l'énergie, la relation avec la vie (biologie) et celle avec le temps (microélectronique), nous pourrons prendre une première mesure des effets de la mutation en cours. Après quoi je résumerai dans

1. Expression due au philosophe Michel Foucault, par laquelle il attire l'attention sur les détails de la vie quotidienne porteurs de relations élémentaires de pouvoir.

un tableau synthétique les systèmes techniques successifs engendrés par les déstabilisations occidentales : le système médiéval, le système industriel et celui qui est en gestation.

Les quatre pôles sont simultanément activés :

- les matériaux ;
- l'énergie ;
- la structuration du temps ;
- la relation avec le vivant, de la biotechnologie à l'écologie planétaire.

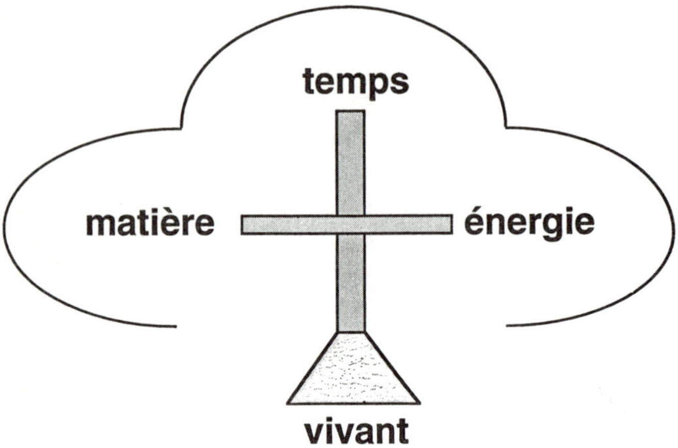

Ce schéma en forme d'arbre illustre la différence de notre approche avec celle de nos prédécesseurs. En 1970, sortait un livre resté célèbre chez les prospectivistes : *Halte à la croissance*. Son auteur : le Club de Rome, un groupe international d'hommes de bonne volonté, certains venant de l'industrie (Peccei, de la Fiat), d'autres de l'Université (le Pr Meadows). Ce club s'était intéressé à l'axe horizontal « matériaux-énergie ». Il disait en substance : nous consommons de plus en plus d'énergie et de matières, dont une grande partie est non renouvelable, et nous allons nous trouver à court de ressources. Il faut tout arrêter, il y a des « limites à la croissance ». À l'entendre, l'avenir promettait surtout des catastrophes. L'humanité inconsciente allait se cogner contre les limites de la planète. Tel un véhicule lancé à toute vitesse, elle n'était plus en mesure de négocier le virage et allait de partir dans le décor. Son message était un cri d'alarme : arrêtez tout ! Cette position a fâché les industriels avec la prospective pendant une vingtaine d'années. Ils ont senti confusément monter des forces hostiles. Voyant sur le terrain que la situation n'était ni critique, ni sans issue, mais n'ayant pas d'alternative à proposer, les entreprises ont fait le gros dos et se sont contentées de parler de l'avenir le moins possible. La génération *no future*, pendant ce temps, grandissait dans le malaise, coincée entre le pessimisme écologique et l'affairisme amoral.

Depuis ce cri de Rome (1970), il n'y a pas eu de crise des matières premières et celles de l'énergie (les chocs pétroliers successifs) ont été surmontées. C'étaient des réajustements de prix, aux termes desquels les consommations ont fléchi. Le dogme d'une croissance indéfinie des « besoins » n'était qu'une illusion. L'horizon d'une rupture catastrophique et définitive des approvisionnements, comme tous les horizons, s'éloigne à mesure qu'on s'en rapproche. Le Club de Rome, voyant ses prédictions contredites par les faits, a fait amende honorable, ce qui doit être mis à son actif, mais il n'a pas pour autant changé sa lecture de l'économie. Car, pour passer à une autre façon de penser, il faut remettre en cause des présupposés beaucoup plus profonds, changer de position philosophique et de regard sur les sociétés. C'est ce que nous proposons : quitter le point de vue qu'on appelle d'habitude matérialiste. Ce qui nous y conduit, c'est paradoxalement le lieu où la matière est le plus présente, à savoir la technologie.

Le couple matière-énergie est moins prégnant qu'on le pensait alors. Aujourd'hui c'est l'axe vertical le plus déterminant pour le futur. Or, cet axe-là n'était pas présent il y a vingt ans : le microprocesseur a été lancé vers 1972, et les instruments de la biotechnologie (les ciseaux et la colle nécessaires pour modifier le code génétique) datent de 1974. Cet axe nous ramène à des questions fondamentales : qu'est-ce que le temps ? qu'est-ce que la vie ? Qu'est-ce que la conscience ?

Les matériaux se multiplient

Dans une simple chaussure de sport, il y a onze variétés de polymères. Il fut un temps, pendant les années 70, où Du Pont de Nemours tentait de commercialiser un substitut du cuir, le Corfam. Ce fut un échec. Maintenant, on n'essaye plus de remplacer le cuir par un seul matériau. On en combine onze différents, chacun spécialisé dans une fonction particulière de la chaussure. La technique moderne, c'est la diversité, l'allègement, la substituabilité, et demain aussi, la recyclabilité. Il n'y a pas de crise d'approvisionnement. Si un matériau vient à manquer, il y a tout un éventail de remplaçants possibles. D'autre part, les matières modernes sont plus légères que par le passé et deviennent réutilisables. La bouteille de verre usuelle, de 75 centilitres, pesait 170 grammes en 1974 ; elle n'en pèse plus que 95 en 1990, et on commence à la recycler.

En regardant du côté de la petite entreprise (un fabricant de jouets par exemple) on voit le contraire d'une pénurie : un hyperchoix. Le technicien se trouve devant tant de possibilités qu'il ne sait laquelle prendre. On lui propose à cet effet des méthodes (« l'analyse de la valeur »), qui consistent à examiner pas à pas chaque fonction élémentaire, puis à choisir, avec l'aide de banques de données, la manière la plus économique et efficace de la remplir. Ainsi, pour les matériaux, on attendait un manque, et c'est le trop-plein. On craignait la soif, nous voilà dans l'ivresse.

Le marché des matières premières est de plus en plus concurrentiel. On ne fait plus fortune dans les mines ou la sidérurgie. Les marges sont laminées par la concurrence, même pour l'aluminium, le plus moderne des grands métaux. La force mécanique qui éventre les montagnes pour en extraire le minerai n'est plus la valeur dominante. Elle laisse place à l'intelligence, à la diversité des choix et à la définition de matériaux mieux adaptés à leurs usages. Que ce soit dans l'acier ou dans la chimie, les fabricants se reportent vers des produits spéciaux, plus raffinés, où ils peuvent retrouver de nouvelles marges.

Ainsi, la compétition engendre la diversité. Voyez le marché des emballages. L'*homo economicus* des régions développées en consomme plus de deux fois son propre poids par an (120 kg). Mais on y trouve pêle-mêle du papier, du bois, des plastiques, des élastomères, de l'acier, des métaux non ferreux. Un même jus de fruit, par exemple, peut être délivré au consommateur dans une bouteille de verre, du carton plastifié, ou une canette à ouverture facile en aluminium. Les fournisseurs de ces différents produits, en compétition permanente les uns avec les autres, ajustent leurs prix au maximum. Ce n'est plus la quantité qui fait le profit, mais l'avantage qualitatif : un brevet particulier pour un revêtement ou un assemblage, ou encore un design original.

En fait, la matière n'est plus tout à fait de la matière. Ou plutôt, le regard que nous portons sur la matière n'est déjà plus vraiment matérialiste. La relation que l'on entretient avec elle se métamorphose. Elle devient de plus en plus intellectuelle et de moins en moins charnelle. À une matière inerte, lourde, charriée en tonnes, broyée, brûlée, fondue, coulée, laminée ou extrudée, succède une matière allégée, arachnéenne, mousseuse (on fait mousser, non seulement le plastique, mais aussi l'argile, le plâtre et même le béton), réduite à ses caractères d'usage, disciplinée par le calcul pour un cahier des charges prédéterminé. Les chimistes savent maintenant bricoler les molécules de polymère et les dessiner en fonction des propriétés désirées. Ces « technopolymères » se comptent en milliers d'espèces différentes et sont vendus sur catalogue. En intervenant avec de plus en plus de finesse, jusqu'au niveau de l'arrangement des atomes, on transforme profondément la nature même de la relation, et donc la représentation que l'homme se fait de la matière.

L'industrie, fière de la force de ses machines, comptait volontiers en tonnes. Au milieu du XXe siècle, on mesurait encore la puissance des nations aux tonnage d'acier et de ciment qu'elles fabriquaient : plus d'une demi-tonne d'acier par habitant et par an ! Chacun pouvait être fier de consommer dix fois son propre poids de ce métal, symbole de richesse et de pouvoir militaire. L'acier, c'étaient aussi des canons, des obus, des blindages, des cuirassés et des chars. On sentait derrière cette évaluation la présence du travailleur de force, démultiplié par des machines. Les regards des dirigeants, captivés par ces images titanesques de la terre fouillée par les engins, n'ont pas vu venir la bataille des matériaux fins. La fibre de carbone et le Kevlar, par exemple, qui résistent à la traction bien plus que l'acier, sont aussi plus légers et moins repérables par les radars. Ces matériaux allégés à haute résistance sont désormais à la base de la puissance, même militaire, alors que quelques millions de tonnes d'acier supplémentaires n'y changent plus rien.

C'est au début du XXe siècle que tout a silencieusement basculé. La matière, même vue au microscope, n'avait pas encore livré ses secrets. La lumière elle-même, tantôt onde, tantôt corpuscule, laissait les savants dans l'embarras. Lorsqu'il devint possible de voir, non plus le millième de millimètre, mais le dix millionième, soit dix mille fois plus finement, la représentation de la matière commença la plus extraordinaire transfiguration. À ce niveau de finesse, en effet, tout est vibration. L'impression de solidité, d'inertie, de dureté, de cohésion, les résistances à la traction, à l'écrasement, aux chocs d'où viennent les performances des « épées » comme celles des « boucliers », ne sont que l'expression de l'harmonie de minuscules vibrations élémentaires, celles des électrons dans les atomes. Et ce sont les écarts, les sauts vibratoires de ces électrons, qui produisent les couleurs de nos objets familiers.

Toutes les bases de notre perception sensible sont à revoir. Ce qui semble la clef de la puissance, ce qui paraît assurer la stabilité, la sécurité et le poids des choses n'est autre qu'une collection d'oscillations entremêlées qui sont associées aujourd'hui, et pourraient peut-être aussi bien se dissocier demain. Et c'est grâce au calcul vibratoire qu'on peut concevoir des matériaux modernes aux propriétés stupéfiantes. Pendant que les physiciens et les chimistes découvrent cet univers fantastique, les techniciens utilisent encore leur savoir-faire ancien. Le décalage entre les deux n'est pas encore résorbé.

Au fond, osons le dire, chacun s'interroge : si tout est vibration, et si les différences vibratoires donnent de la lumière, que sommes-nous, êtres vivants ? Peut-être des porteurs de lumière, et certainement bien autre chose qu'un morceau de glaise parcouru d'un souffle, comme le voulaient les anciens mythes. Ainsi, rien qu'en regardant la matière, nous voyons non seulement les présupposés matérialistes s'effacer, mais aussi les représentations traditionnelles du monde, issues de plusieurs milliers d'années de tâtonnements, remises en cause.

L'énergie est maîtrisée

Évidemment, les équilibres sont plus préoccupants en ce qui concerne l'énergie. Chacun se souvient de la « facture des chocs pétroliers », pour en avoir éprouvé personnellement les conséquences, et des bouleversements géopolitiques qui s'ensuivirent.

Néanmoins, la transformation à l'œuvre est la même que celle que je viens d'évoquer pour la matière. Les sources d'énergie font appel à des mécanismes de plus en plus fins, en relation directe avec cette microstructure de la matière où la particule et la vibration se rejoignent. C'est le cas, par exemple, des photopiles, qui captent l'énergie solaire parce que leur configuration cristalline intime laisse les photons venus du soleil « pousser » les électrons, ce qui produit directement un courant électrique. C'est le cas aussi, évidemment, pour l'énergie nucléaire. Celle-ci descend même à un niveau de finesse supplémentaire, celui du noyau des atomes, où la matière peut se transformer directement en énergie. On peut, là aussi, malgré les extraordinaires puissances mises en jeu, parler de dématérialisation de la technique.

Autrefois, l'énergie était transmise par contact, que ce soit pour la chaleur ou la force mécanique. Maintenant, elle est transmise de plus en plus par l'électricité. L'électrification de la planète est sans doute, avec la construction du réseau de télécommunication, l'étape décisive du nouveau système technique. Aujourd'hui, on transmet le courant par des fils de cuivre ou d'aluminium. Demain, ce sera peut-être par micro-ondes, c'est-à-dire sans support matériel, comme on le fait déjà pour les faisceaux hertziens de communication, qui remplacent les vieilles lignes téléphoniques.

La maniabilité de l'électricité est la source principale d'économies d'énergie. Un regard attentif porté sur les consommations actuelles, produit par produit, ressort effaré du gaspillage énergétique de notre civilisation. Votre réfrigérateur : il pourrait consommer trois fois moins s'il était mieux isolé. Votre chauffage aussi, si votre maison était munie de doubles fenêtres et avait un peu plus de mousse ou de laine de verre isolante dans les murs et sous le toit[1]. Votre automobile également pourrait consommer deux ou trois fois moins de carburant au cent kilomètres. Comment cela ? Imaginez ce que vous gaspillez en freinage, qui présente en plus l'inconvénient de cracher dans l'environnement des particules d'amiante. Supposez que vous puissiez stocker cette énergie (dans un volant d'inertie, comme pour les jouets, ou dans une bouteille de gaz comprimé) et l'utiliser pour vos reprises. C'est ce que l'on appelle un véhicule hybride, dont le principe est connu depuis plus de

1. En France, entre 1950 et 1990, la consommation d'énergie de chauffage et d'eau chaude pour une maison individuelle a été divisée par plus de trois. Compte tenu du délai de renouvellement du parc d'habitations, on bénéficiera pleinement des réglementations et des techniques introduites depuis 1989 vers 2050.

cinquante ans. En ville, il consomme moins de la moitié qu'une automobile ordinaire. Mais il faut, pour le mettre sur le marché, faire évoluer le système technique automobile, encore tout imprégné de la logique des mécaniciens. Il faut qu'il passe à la transmission électrique, dont la maniabilité permet les hybrides.

Je pourrais ainsi continuer à passer en revue la plupart des appareils domestiques ou professionnels. Chaque fois, je noterais que les techniques connues permettent de diviser par deux, trois, voire dix les consommations d'énergie pour un même service rendu. Une évaluation d'ensemble a été faite par quatre experts [1] ; elle conclut que les pays développés pourraient conserver et même améliorer leur niveau de vie en consommant dès 2020 2,4 tonnes d'équivalent pétrole par habitant, au lieu de 4 actuellement pour l'Europe et 7 pour les États-Unis.

Globalement, l'utilisation de l'énergie est déjà de plus en plus efficace. Les économistes observent que, pour produire la même quantité de richesses il faut de moins en moins d'énergie. Nous l'utilisons de mieux en mieux, de manière plus productive, et surtout avec plus d'intelligence. Le rapport à l'énergie, comme celui que nous entretenons avec la matière, devient de plus en plus intellectuel. La courbe du nombre de tonnes d'équivalent pétrole nécessaire pour produire mille dollars de valeur ajoutée descend régulièrement [2]. En 1860, il fallait en moyenne 1,2 tonne d'équivalent pétrole pour produire mille dollars de valeur ajoutée ; en 2040, il en suffit de 0, 2, soit six fois moins ! Les pays qui se développent rattrapent en quelque sorte « le train en marche ». L'intensité énergétique diminue avec le temps, et la productivité de l'énergie est de plus en plus élevée.

1. Goldemberg, Johannsson, Reddy, Williams, *Energy for a Sustainable World*, New Delhi, Wiley eastern Ltd, 1988.

2. Jean-Marie Martin, « L'intensité énergétique de l'activité économique dans les pays industrialisés », *Économie et Société*, n° 4, 1988.

On ose remanier la vie

Ainsi, la question énergétique, finalement, n'est plus, comme le croyait le Club de Rome, celle de la limitation des ressources. Bien avant l'épuisement des gisements de pétrole et de charbon, il faudra limiter la consommation d'énergie à cause de l'effet de serre. L'énergie est désormais soumise à celle de la préservation de la nature, c'est-à-dire de la relation au vivant.

L'état de la nature aujourd'hui est préoccupant : les zones forestières, mitées, sont en danger. Les cosmonautes, après être allés voir de là-haut à quoi ressemble la terre ont tous une extraordinaire impression de fragilité. Cette petite pellicule de vie à la surface du globe leur paraît menacée. Plusieurs d'entre eux sont devenus des écologistes militants. Leurs mises en garde concernent l'effet de serre, la désertification, la couche d'ozone, et surtout la déforestation, cause de disparition de plantes et d'insectes. On estime que, sur un patrimoine écologique d'une dizaine de millions d'espèces animales et végétales, il en disparaîtrait cinquante mille par an. Ce qui voudrait dire qu'en deux cents ans (un court instant à l'échelle des trois milliards et demi d'années de la vie) nous aurions épuisé toute la biosphère et transformé la planète en un désert stérile !

Les mêmes techniques permettent de bricoler les molécules de plastique et de manipuler les codes génétiques. Peut-être, par ce moyen, pourrons-nous dans quelques décennies remplacer les espèces disparues. Peut-être, mais la perspective que la vie puisse être industriellement manipulée suscite des prises de conscience. On ne s'est pas beaucoup préoccupé des ressorts profonds à l'œuvre dans ces mutations calculées. Dès lors que les produits marchands sont plus performants et moins chers, pourquoi s'inquiéter ? Mais voici qu'apparaît la silhouette du démiurge. La création industrielle s'attaque à la créature et prétend manipuler cet endroit sensible entre tous où gît l'identité : le gène.

L'opinion est profondément inquiète à l'idée qu'on

puisse un jour intervenir sur le génome humain. Plus d'une centaine de maladies d'origine génétique, comme l'hémophilie, sont guérissables par ce moyen. Mais par-delà ces éléments positifs, on redoute la présence d'un eugénisme « soft », qui fabriquerait en série de hommes sur mesure, conformés pour des tâches prédéterminées. En poussant la fiction jusqu'au bout[1], on imagine une espèce humaine se subdivisant. Les uns ont des branchies et vivent dans les océans, les autres sont allégés et vivent dans l'espace...

Mais ces fictions vont au-delà du siècle prochain. Dans la manipulation du gène, on opère d'abord sur les êtres les plus simples. En 1973, quand Cohen et Boyer introduisent pour la première fois un fragment de gène étranger dans un programme génétique, c'est dans celui de la plus simple des bactéries, *Escherichia Coli*, être unicellulaire, à qui l'on put, par ce moyen, « apprendre » à sécréter de l'insuline. La première utilisation industrielle des manipulations a donc été la fabrication d'un médicament.

La deuxième est agricole. Dix ans après, en 1983, on arrive à « vacciner » génétiquement un plant de tabac de manière qu'il résiste à un antibiotique. C'est un tout premier pas, bien timide. On sait pouvoir améliorer la résistance et la productivité de bien des plantes par ce moyen. On pense arriver à diminuer les besoins en engrais azotés, en leur apprenant à capter directement l'azote de l'air. On sait aussi pouvoir fabriquer par manipulation des fleurs inconnues aux parfums rares et aux couleurs étranges.

La troisième est la production d'animaux génétiquement manipulés, que l'on appelle aussi chimères. Les premiers résultats sont décevants. On a mis la connaissance au service de la productivité, dans cet univers concentrationnaire que sont devenus les élevages indus-

1. Voir David Langford, *Le Troisième Millénaire : une histoire du monde de l'an 2000 à l'an 3000*, Aubier-Montaigne, 1986.

trialisés. Plus d'hormone de croissance donne plus de viande, sans doute, et alors ?

Pour ce qui est du génome humain, il est comme un mot de trois milliards de lettres, dans lequel il faut identifier le rôle des quelques milliers de séquences qui sont chacune comme un moule où viendrait se construire chaque protéine de notre corps. La complexité même de la vie et la difficulté à intervenir au niveau de finesse des molécules laissent présager des expériences pendant les trente prochaines années, mais pas de transformation de société avant la seconde moitié du siècle prochain, sauf peut-être par diffusion de plantes plus résistantes et productives. Les rendements des grandes cultures devraient augmenter d'environ 15 % entre 1985 et 2000 par suite de l'introduction de plantes hybrides et transgéniques »[1].

Mais l'intervention humaine sur le règne végétal ne date pas d'hier. Douze mille espèces végétales étrangères ont été introduites en Europe au cours de son histoire. Parmi elles, on trouve la pomme de terre, qui vient du Pérou, le blé, qui vient de Mésopotamie, la tomate, qui vient du Mexique, le maïs, qui vient aussi d'Amérique où il constituait l'aliment de base des Indiens. En migrant, elles ont évolué : l'épi de maïs mesurait deux centimètres il y a sept mille ans. Il en mesure vingt aujourd'hui, par suite des sélections et croisements qu'il a subis. Depuis les débuts de l'agriculture, il y a dix mille ans, l'homme a sans relâche transformé la nature en une techno-nature.

Les cris d'alarme ont-ils eu un effet quelconque ? Le mouvement entamé n'est-il pas trop puissant ? Déjà, dans un domaine voisin, il y a dix ans, on s'inquiétait de la fécondation *in vitro*. Depuis, les inquiétudes sont restées les mêmes, mais le nombre de bébés éprouvettes se compte en milliers. Le processus s'est industrialisé en catimini. On sait que la biologie touche au

1. Marc Chopplet, André Sant'ana, *Prospective des déséquilibres mondiaux*, CPE-GRET, 1992.

sacré, mais on ne sait pas très bien à quoi, car la définition même de la vie est à revoir.

La matière et l'énergie sont une seule et même chose, car elles sont liées entre elles par la relation d'Einstein : $E = mc^2$. Autrement dit, la matière est de l'énergie condensée. Le couple matière-énergie contient à lui tout seul une vision du monde, la vision dite matérialiste. Les recherches en intelligence artificielle et l'évolution des biotechnologies nous appellent à un autre regard. La définition même de la vie et du temps sont en cause. La vie et le temps sont tout aussi indissociables que la matière et l'énergie. Le temps définit la vie par ses rythmes, et la vie définit le temps par sa mémoire.

La contraction du temps

Néanmoins, le mystère de la vie reste toujours présent, et se manifeste même là où tout semblait mis au carré par l'homme, ne laissant plus aucune place à l'imprévu. Un programme d'ordinateur, inspiré par la théorie des fractales peut dessiner des simulations d'êtres vivants. Aujourd'hui avec les virus informatiques, des êtres se reproduisent à l'intérieur de la mémoire des machines et deviennent incontrôlables. En intelligence artificielle, les logiciels les plus efficaces (dits connexionnistes) sont ceux qui gardent en eux un jardin secret, par opposition aux précédents qui voulaient tout expliciter sous forme de règles. Jardin secret, incontrôlables... les caractères de la vie réapparaissent là où on les attendait le moins, dans la mémoire des ordinateurs. Pourquoi cela ? À cause des fantastiques vitesses de calcul de ces machines.

L'écriture technique est remaniée de l'intérieur par une formidable contraction du temps, due au microprocesseur et à la possibilité de programmer (étymologiquement écrire à l'avance) des processus qui se déroulent aujourd'hui en nano-secondes (10^{-9}s) et demain avec l'ordinateur optique en femto-secondes (10^{-15}s). Le temps du Moyen Âge était rythmé par le clocher du village ; celui du taylorisme de la société industrielle chronométrait, à la seconde près, les gestes du travailleur sur la chaîne. Brusquement, on descend au milliardième de seconde, bien au-delà du seuil de la perception humaine. D'où des effets hallucinogènes : les machines deviennent capables de « prendre la tête » de leurs usagers.

Toutefois, les transformations résultantes ne se feront sentir que progressivement au cours du siècle prochain. Au milieu des années 90, les vitesses de calcul des matériels de grande diffusion atteignent seulement des valeurs compatibles avec le travail d'un professionnel sur une image couleur haute définition. Elles sont encore très insuffisantes pour traiter l'image animée et le son. Mais on sait qu'elles seront suffisantes dans moins d'une dizaine d'années.

La radio, la télévision, le téléphone et le micro-ordinateur sont des instruments diffusés dans le monde entier (un milliard de téléviseurs pour cinq milliards et demi d'habitants). Même dans leur forme initiale, ils n'ont pas encore irrigué les classes les plus pauvres. Ils y arrivent d'abord comme machines fascinantes (radio et télé) suscitant l'envie d'un ailleurs inaccessible. Elles créent des frustrations par millions et stimulent en même temps le désir de s'échapper. Il faut attendre avant que s'ouvre la possibilité de répondre au message. Le téléphone arrive après, et il ne laisse passer que la voix. Le visiophone passant par la ligne téléphonique est encore expérimental, mais très prometteur pour la qualité des relations.

D'ici l'an 2000, les téléphones portables et les ardoises électroniques (peut-être fusionnées dans un même objet) seront largement diffusés dans les couches les plus économiquement actives de la population mondiale. Elles favoriseront la percée des petites entreprises individuelles. Le traitement bureautique de la couleur sera mis à la portée des petites entreprises. La fabrication de vidéos en images de synthèse commencera dans quelques établissements d'enseignement. Une génération après, l'écriture audiovisuelle sera d'un maniement courant. L'industrie hallucinogène fera partie du quotidien.

Nous sommes là en face d'une question très profonde. Elle touche à la fois la rationalité, le désir de maîtrise, et la définition même du vivant. On[1] dit qu'au siècle prochain nous allons créer des êtres « intermédiaires » qui ne seront ni vivants ni inanimés. Certains se promèneront dans la mémoire des machines, d'autres seront des chimères, manipulées biologiquement.

En effet, il y a un point commun entre un code génétique et un programme d'ordinateur. Un code n'est rien d'autre qu'un programme, un programme est un code. Ceux des virus informatiques ont en commun avec le vivant de se reproduire, chacun à sa manière. La question sera de savoir comment vont être engendrés ces êtres vivants, s'ils seront préservés, et ce que l'on veut en faire.

1. Philippe Quéau, *Metaxu : théorie de l'art intermédiaire*, Champ Vallon, 1989.

	Système technique agraire médiéval (XIe-XIIIe->XVIIIe siècle)	**Système technique du machinisme industriel (XVIIIe-XXe siècle)**
Les matériaux	Le bois, la pierre, le fer. Le fer était un matériau surtout militaire (les épées et les armures). Après le départ des croisades (1096), il est diffusé dans l'agriculture (pelles, pioches, râteaux, herses, faux). Le soc de charrue en fer permet les grands défrichements.	L'acier (pour toute la mécanique), puis le béton (symbole des grandes villes), le cuivre (pour l'électricité et la plomberie), le caoutchouc (pour les pneumatiques), puis l'aluminium (pour l'aéronautique). La puissance se mesure en millions de tonnes d'acier, de charbon ou de pétrole.
L'énergie	Traction animale (collier d'attelage). Le moulin à eau, connu depuis les Romains comme outil de meunerie, est utilisé pour couper le bois, actionner des soufflets de forge, fouler le drap... C'est une préindustrialisation, expérimentée et diffusée par les monastères cisterciens.	La machine à vapeur (pour les trains et la force motrice des usines), puis le moteur à explosion (pour l'automobile) et les réacteurs (pour l'aviation). La source d'énergie est chimique : la combustion. Le système industriel se développera jusqu'à épuiser les gisements de combustibles (charbon, pétrole, gaz).
La nature	Sélection des semences et des animaux, inspirée par les premiers manuels d'agronomie circulant entre les monastères. L'agriculture décolle du seuil où la récolte est juste suffisante pour réensemencer, une fois nourris la population et les animaux. Déboisements dus aux défrichements. Le système agraire se développe jusqu'à saturer le territoire (1315).	La vaccination (Pasteur), puis les antibiotiques (Fleming) font reculer les maladies microbiennes. L'industrialisation de l'agriculture, de l'élevage, de la pêche multiplie la productivité et dépeuple les campagnes. Les risques de la pollution rendent nécessaires la constitution d'espaces protégés (parcs naturels) et le développement de technologies propres.
Les rythmes	Le clocher du village sonne les sept heures canoniales. La vie des champs devient rythmée par les heures comme l'était déjà la vie des monastères. Apparition des horloges mécaniques.	Pour le chronométrage de l'organisation « scientifique » du travail, l'échelle de temps se compte en dixièmes de secondes : séparation des tâches, surveillance, production de masse.

Évolution du système technico-social depuis le Moyen Âge

Système technique cognitif (XXIe-XXIIe siècle) :
la dématérialisation de la technique

Éclosion de diversité des matériaux. Plusieurs milliers de variétés de polymères, élastomères, colles..., prennent toutes les formes imaginables : des fils pour les armatures (Kevlar, carbone), des fibres pour le textile (polyester), des membranes pour les structures gonflables (mylar), des mousses pour les rembourrages de matelas, sièges..., l'isolation des cloisons... (polyuréthane). On peut presque composer des polymères sur mesure, capables de répondre à un cahier des charges prédéterminé. Alliages, céramiques, composites, verres multiplient encore les possibilités d'adaptation de la matière. D'où, pour le fabricant, un hyperchoix des matériaux, et la nécessité d'utiliser des bases de données et les méthodes de l'« analyse de la valeur » pour s'y retrouver. Allégement général des matériaux, dans tous les domaines.

Mise en réseau par l'électricité et maîtrise de l'énergie. Le gaspillage d'énergie de la société industrielle (jusqu'à 7 tonnes d'équivalent pétrole par habitant et par an, soit 117 fois le poids d'un humain moyen de 60 kg) se ralentit, du fait que les ressources ne sont pas inépuisables. Les techniques électriques (micro-ondes, plasmas, courants hachés...) permettent de délivrer l'énergie en quantité juste suffisante, là précisément où l'on en a besoin, dans des conditions moins polluantes (exemple : automobile électrique ou hybride). L'électrification, c'est aussi la disponibilité instantanée, donc le changement, à échéance d'une génération, du système technique domestique : éclairage, réfrigérateur, machines à laver, robots ménagers...

La biotechnologie peut intervenir directement sur les molécules chimiques constituant les êtres vivants, non seulement les observer et visualiser leurs formes et leurs compositions sur ordinateur, mais aussi les couper, les greffer, les hybrider. La perspective de fabriquer des êtres vivants sur commande, doués de capacités prédéfinies, place l'espèce humaine devant des responsabilités vitales plus complexes que ce qu'elle a jamais eu à traiter. Ayant appauvri le patrimoine naturel par l'industrialisation et la déforestation tropicale, elle va sans doute devoir, pour compenser, l'enrichir d'espèces artificielles, capables de constituer entre elles des écosystèmes stables et complets (biosphères).

L'échelle de temps du microprocesseur se compte en milliardièmes de secondes, celle de l'ordinateur optique se comptera en millionième de milliardième de secondes. La perception humaine reste au dixième de seconde. L'ordinateur va donc déjà dix à cent millions de fois plus vite que le cerveau, auquel il peut imposer ses rythmes. Il immerge le sujet dans des univers virtuels conçus, soit pour l'enseignement de savoir-faire techniques (pilotage, chirurgie...), soit pour la fascination (jeux vidéos...).

Évolution du système technico-social depuis le Moyen Âge (suite)

	Système technique agraire médiéval (XIe-XIIIe-XVIIIe siècle)	Système technique du machinisme industriel (XVIIIe-XXe siècle)
L'espace et les échanges	Reconstitution des marchés locaux et régionaux (XIe-XIIe siècles). Le gouvernail d'étambot à gond (1242) facilite le développement des navigations marchandes, notamment dans la Baltique : constitution du système hanséatique (XIIIe) autour de Lübeck, Dantzig, Königsberg...	Chemins de fer, automobile, aviation : l'espace rétrécit. On peut relier deux villes du globe en moins d'une journée. Marché mondial des grands produits (pétrole, acier, non ferreux, café, cacao, laine...), des biens d'équipement (machine-outil) et des biens de consommation (automobile, appareil photo...)
Communication et éducation	L'information technique circule en latin, grâce au travail des copistes, dans le réseau transnational des monastères. L'école de Charlemagne. Naissance de l'université critique (scolastique).	L'imprimerie : elle a d'abord des conséquences religieuses (protestantisme), puis littéraires (âge classique) puis techniques à partir du XVIIIe siècle *(l'Encyclopédie)* : diffusion de la culture technique. Enseignement de masse après 1850.
Territoire social et organisation	La terre est la base de ressources, nécessaire à la survie familiale, villageoise, féodale... Elle est donc l'enjeu des batailles. Objet de propriété, on la transmet à sa descendance. La féodalité, caste militaire, est la protectrice du territoire agricole, autarcique, garante de sécurité. Pour les échanges, sont créées des cités marchandes, à organisation isonomique, d'abord dans la Hanse, puis en Méditerranée (Gènes, Venise).	L'outil de production (les usines, les machines...), c'est-à-dire le capital, est la base de ressources. La survie est assurée par le fonctionnement de la production, de ses approvisionnements et de ses débouchés. Ce territoire-là est instable. Il faut s'activer pour le conserver. L'État nation préserve la sécurité économique et sociale ; l'entreprise prend les risques. Début de séparation des pouvoirs.

Évolution du système technico-social depuis de Moyen Âge (suite)

**Système technique cognitif (XXIe-XXIIe siècle) :
la dématérialisation de la technique**

Après une phase d'implosion urbaine, reconquête de l'espace habitable, rendue possible par la généralisation de la télé-présence (visiophonie..) en temps réel ou différé, et l'art de constituer des biosphères autonomes locales. Villes défis de l'habitabilité : dans les zones inhospitalières, sur les mers, dans l'espace intersidéral... Les échanges concernent, non plus les produits pondéreux de première nécessité, mais les créations techniques ou artistiques, les informations contenues dans les banques de données, la programmation des réalisations futures. Les distances ne sont plus physiques, mais culturelles : la difficulté à être compris dans une autre langue ou une autre culture.

La téléphonie : le maillage des télécommunications construit une sorte de « cerveau planétaire ». Chacun peut être joint instantanément en tout lieu, par le son ou l'image. Le nouveau système technique se développe jusqu'à saturer le mental des humains. Les individus doivent se protéger de la communication. L'enseignement de masse est un savoir-naviguer dans le savoir. Il est stimulé par le contact personnel avec l'enseignant, mais opère dans le champ du patrimoine culturel stocké dans les mémoires artificielles (disques laser et autres).

La base de ressource qui permet la survie est un savoir-faire personnel. Il peut aussi bien concerner une technique de pointe sophistiquée ou au contraire rejoindre les connaissances ancestrales, telles que l'art de survivre dans les glaces ou dans le désert. On met plusieurs années à l'acquérir, il risque constamment d'être déclassé et, à la différence du patrimoine ancien, il ne peut être transmis sans travail. La richesse est intérieure. La propriété intellectuelle est un des statuts juridiques possibles de ce nouveau patrimoine. Les organisations de protection deviennent planétaires, avec séparation des trois pouvoirs (judiciaire, législatif et exécutif). La notion d'entreprise est étendue aux organisations à but autre que lucratif, mais quand même obligées d'équilibrer leurs ressources et leurs dépenses. Elles sont porteuses d'explorations et de créations.

Évolution du système technico-social depuis le Moyen Âge (suite)

Les transitions du système technique

Le tableau ci-dessus résume les trois transitions du système technique. L'Europe a été le centre de ces mutations, sans vraiment le vouloir. Sa société a explosé, parce qu'elle constituait un mélange détonant. L'onde de choc a secoué le monde entier. De nos jours, des cohortes vengeresses se lèvent dans les civilisations qui se croient humiliées. Elles font remonter leur ressentiment jusqu'aux croisades. Mais il est trop tard. L'Occident n'est plus en Occident et n'appartient plus aux Occidentaux. Il est au Japon, en Amérique, partout où l'on doute des vérités toutes faites. Les Occidentaux sont déracinés. Ils n'assument pas la responsabilité de ce qu'ont fait leurs ancêtres. L'éventuelle vengeance sera comme un coup d'épée dans l'eau. Le nouveau système est mondial. Tous les humains en font partie, comme le montre cette carte :

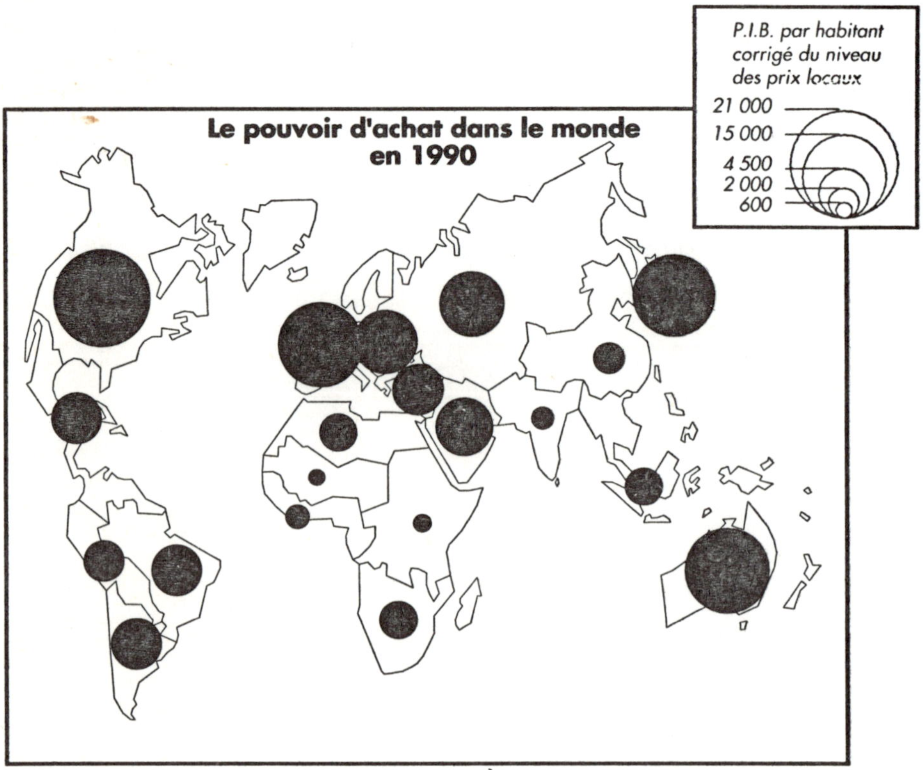

Le réseau, support de conscience

À l'échelle planétaire, les lignes téléphoniques sont comme les dendrites des neurones d'un immense cerveau, qui poussent entre les différents points du globe. Elles irriguent le nouveau système technique, transportent des flux financiers. À l'échelle internationale, il y a déjà recouvrement entre la richesse des nations (le revenu par habitant) et la densité en lignes téléphoniques.

Une situation inédite

Dès cette fin de siècle, l'espèce humaine se trouve devant une situation qu'elle n'a jamais connue, de toute son histoire. Elle peut communiquer instantanément d'un bout à l'autre de la planète.

La civilisation tout entière se reconfigure. Vers 1983, bicentenaire de l'envol de l'homme [1], sont arrivés sur le marché à la fois :

- la *vue* artificielle
(caméras CCD à reconnaissance de formes),
- l'*ouïe* artificielle
(puces de reconnaissance de la parole),
- le *son* artificiel
(disque laser et téléphone numérique),
- le *dessin* artificiel
(la conception assistée par ordinateur à portée des petites entreprises).

L'image et le son deviennent donc des écritures aussi

1. Le 21 novembre 1783, Pilâtre de Rosiers et le marquis d'Arlandes s'envolent du château de la Muette et font dix kilomètres en montgolfière, jusqu'à la place d'Italie. Cet événement est sans doute plus important dans l'histoire de l'espèce humaine que la Révolution française.

fiables que les graphismes classiques, linéaires ou comme en Chine, idéographiques.

Mais, direz-vous, en quoi cela est-il décisif ? en tout ! L'écriture fut la maille élémentaire de la civilisation. Elle servit à acter les bornages, à inscrire les échanges, à fixer les lois de la cité. Quiconque touchait aux tables (en Grèce, aux tablettes) de la loi pouvait être puni de mort. Les hommes tenaient enfin quelque chose d'indélébile, une mémoire indiscutable, extérieure à leur corps. Toutes leurs organisations sociales s'appuient sur cette mémoire. Donc, si l'écriture est touchée, la civilisation l'est aussi.

Peut-être, pensez-vous, mais ce sont là des idées générales. Les grands mots, « Civilisation », « Mémoire » réveillent le scepticisme. Qu'ont-ils à voir avec le quotidien ? Je réponds : à chaque seconde, votre mémoire est sollicitée. A chaque seconde, vous faites des gestes d'intégration ou de déviance par rapport à la civilisation.

Étoile et réseau, pouvoir et société civile

Déjà, au siècle passé, les infrastructures de transport (les routes et les voies ferrées) structuraient les échanges. On avait construit, en France, une étoile autour de Paris, alors qu'en Allemagne les circulations étaient plus maillées. Mais, aujourd'hui, cela ne s'inscrit plus sur une carte géographique. C'est un espace abstrait dans lequel il y a aussi structuration, soit en étoile — la télévision et la radio, où une personne parle à plusieurs millions d'auditeurs ou téléspectateurs —, soit en réseau, le téléphone où chaque abonné peut communiquer avec tous les autres, mais parle à une seule personne à la fois, en conversation privée. Entre ces deux extrêmes, il y a des formes intermédiaires, avec les serveurs télématiques, le câblage, etc.

La télévision a été mise en place avant le téléphone[1]. Partout, les gouvernements ont fait en sorte que la population ait la télévision pour pouvoir écouter leur message, mais n'ont pas été aussi pressés de poser le téléphone, toujours méfiants des complots que le peuple pourrait ourdir. C'est pourtant l'outil principal de la petite entreprise. Qu'est-ce qu'un entrepreneur, sinon quelqu'un qui décroche son téléphone pour mettre ses fournisseurs en concurrence, communiquer avec ses clients et avec ses banquiers ?

L'étoile et le réseau symbolisent respectivement le pouvoir et la société civile.

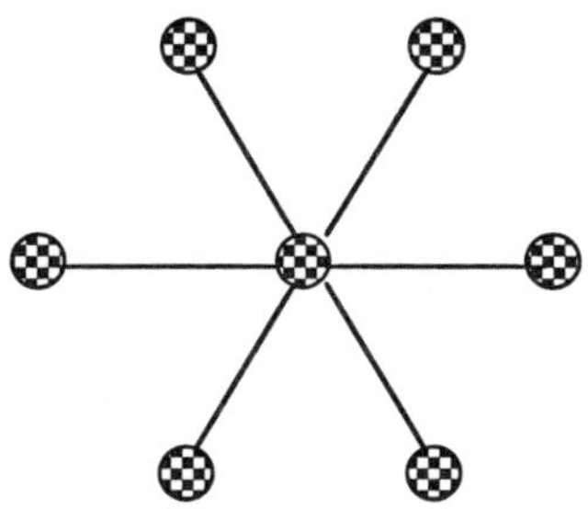

étoile

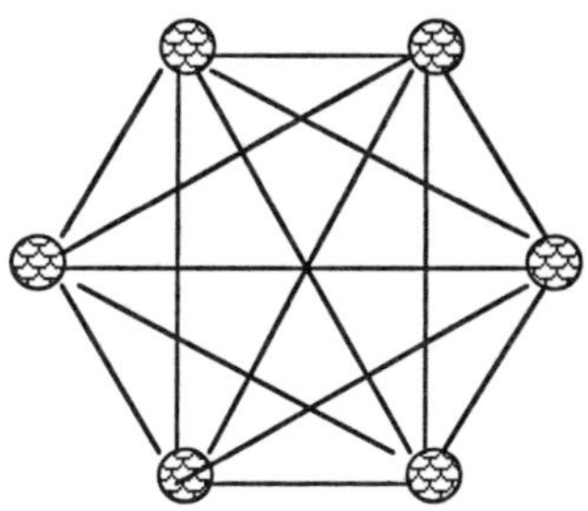

réseau

Tocqueville faisait observer que les hommes étant de plus en plus occupés d'affaires personnelles et particulières, ils consacraient moins de temps aux questions d'intérêt général. Il en déduisait que les pouvoirs déclinaient, et qu'il y aurait à l'avenir moins de guerres. L'histoire lui a donné tort jusqu'au milieu du XXe siècle, mais on voit pointer maintenant les conditions nécessaires pour que sa prédiction se réalise. L'agressivité se manifeste autrement. Les batailles sont commerciales, réglées comme dans un tournoi par les lois de la concurrence. N'est-ce pas aussi la phase de dissolution de l'État, pressentie par Marx ? La bureaucratie serait-elle soluble dans le téléphone ?

1. Catherine Bertho, *Histoire des télécommunications en France*, Toulouse, Érès, 1984.

Et, si nous prolongeons à échéance 2020, au rythme actuel d'équipements, tous les pays du monde, et notamment les plus peuplés, l'Inde et la Chine (à eux deux 40 % de la population mondiale), franchissent le seuil dit de la « glasnost[1] » (environ dix lignes pour cent habitants) au-delà duquel aucune économie n'est plus contrôlable par une bureaucratie centralisée. Ce qui en résulte n'est pas le village planétaire que pressentait McLuhan, mais une multiplicité de villages délocalisés, professionnels en diaspora et une dissolution des anciens pouvoirs.

Il s'agit ici de ramener la prospective à des données concrètes et quotidiennes. Les rapports sociaux sont faits de communication. Si l'infrastructure change, les configurations sociales sont redessinées. Elles sont comme l'eau, canalisées par les voies de communication. Déjà, au siècle dernier, les chemins de fer, les routes, les canaux ont structuré l'économie. Convergeant vers Paris en France, elles ont accentué la centralisation. Plus maillées en Allemagne, elles ont accompagné un développement articulé de villes moyennes.

Il en est de même pour les communications hertziennes, mais ce n'est pas directement lisible sur une carte géographique. Il faut se référer à un schéma plus abstrait, celui de l'étoile et du réseau.

Le téléphone est si familier qu'on oublie vite ce qu'était la vie sans lui. N'empêche qu'il court-circuite les autorités et rend le pouvoir à ceux qui veulent bien le prendre, c'est-à-dire à ceux qui entre-prennent (se placent entre, dans les interstices, là où les autres ne voient pas, et prennent) ; autrement dit, à ceux qui se démènent pour traiter et faire circuler l'information, et non plus à ceux qui s'endorment sur des situations acquises on des privilèges. Le pouvoir est à prendre. Il est en permanence remis en cause.

1. Transparence, en russe. Mot employé du temps de M. Gorbatchev pour inviter les appareils bureaucratiques à moins d'opacité. Il convient particulièrement comme seuil de transparence par la voie du réseau téléphonique.

Machiavel distinguait déjà deux types d'organisations : dans les premières, centralisées (la Turquie à son époque), tout procède du souverain. Les responsables sont nommés par lui et révoqués sans délai. Il en résulte que le pouvoir est difficile à prendre, car tout fait bloc autour de lui, mais facile à garder une fois qu'on l'a. Dans les secondes, décentralisées (la France à son époque), la légitimité est répartie entre des barons, qui ont chacun une assez grande autonomie. Il en résulte, dit justement Machiavel, que le pouvoir est plus facile à prendre, car on trouve aisément des barons mécontents à qui s'allier, mais plus difficile à garder, car les barons continuent à comploter après que vous avez accédé au pouvoir. Il faut transposer cette analyse pertinente à notre prospective. La communication en réseau crée une décentralisation de fait, et le foisonnement des mouvements d'information rend les activités physiquement incontrôlables. George Orwell décrivait dans son roman, *1984*, un État policier surveillant tout par visiophone. Dans une société décentralisée et interconnectée c'est un fantasme techniquement irréalisable, quelle que soit la volonté du pouvoir en place. Comment imaginer concrètement une moitié de la population employée aux écoutes téléphoniques pour surveiller l'autre moitié ? Qui écoute alors ceux qui écoutent, et qui prend le temps de lire le résultat de ces intéressantes surveillances ?

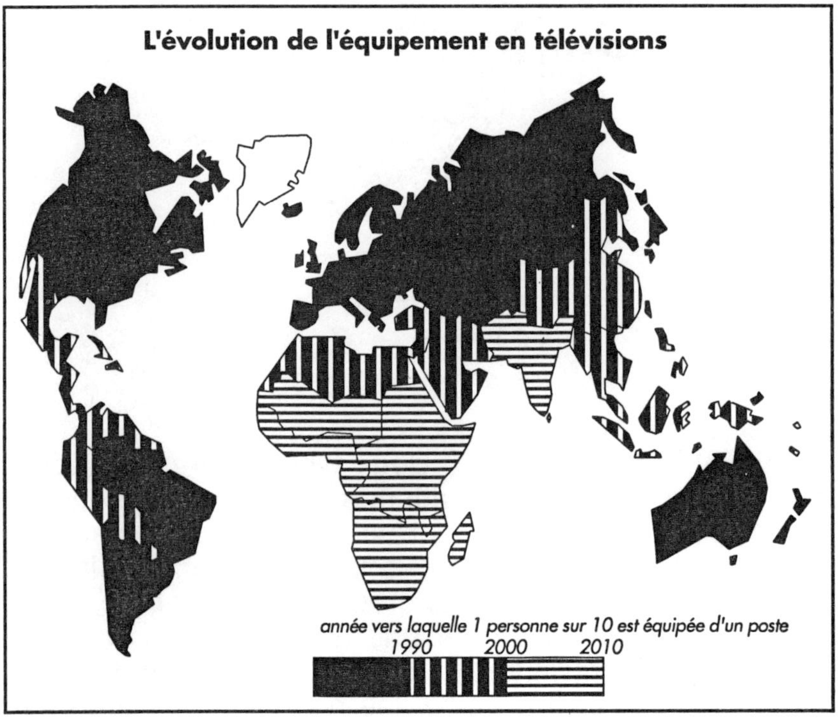

Pour nous, depuis le milieu des années 80, l'ouverture des pays de l'Est était inévitable. Pourquoi ? Parce que le pouvoir central, même avec tous les attributs de la force, ne peut résister à la montée des échanges. Avant, rien n'était possible en dehors de lui. Dès que les communications sont installées, presque tout peut se faire sans lui. Il se dissout dans la société civile, comme un sucre dans l'eau.

En France, nous avons vécu, entre 1955 et 1975, la mise en place de la télévision. Nous sommes passés, en une génération, de 0 % de ménages équipés à plus de 80 %. Et puis, à partir de 1970, nous avons vécu aussi l'installation du téléphone : nous avions 4 lignes pour 100 habitants en 1970. Souvenez-vous du « 22 à Asnières ». Vers 1985, nous arrivons au palier de 40 lignes pour 100 habitants où se trouvent les autres pays développés. Or, à partir de 1975, ce sont globalement les petites entreprises qui créent des emplois. Les grandes stagnent ou régressent. D'autre part, le discours des partis politiques évolue : les partis de droite soutenaient les grandes entreprises, et les aidaient même à manger les petites. Ils sont devenus défenseurs des petites, et même de la création d'entreprises. Les partis de gauche étaient jacobins, étatistes et centralisateurs. Ils sont devenus décentralisateurs, défenseurs des initiatives régionales et communales. Dans les deux cas, cela veut dire la même chose : la micro-initiative plutôt que les systèmes centralisés, la périphérie plutôt que le centre. Ce qui est bien normal. Quand la société évolue, il est naturel que les discours politiques s'ajustent et tiennent compte de la réalité.

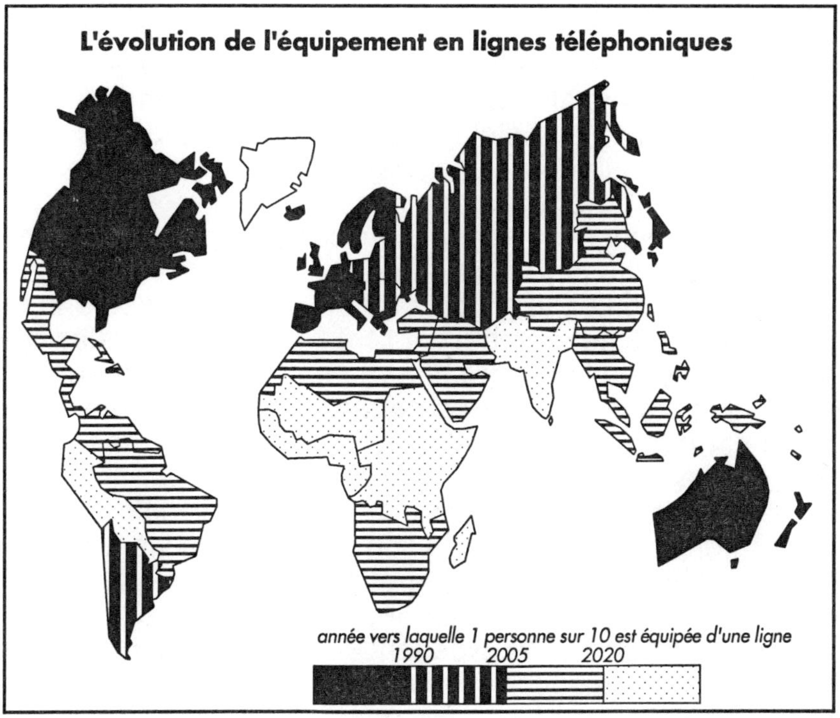

Arrivent maintenant le réseau numérique à intégration de service (numéris), les téléphones portables, les ardoises électroniques[1] et le visiophone. Ce sont

1. En anglais PDA *(personal digital assistant)*, tels le EO et le Newton.

encore des outils en réseau et non pas en étoile. A partir de 2020-2030, avec le visiophone et le « large bande[1] », la communication interindividuelle est télévisée. Ce qui n'empêche pas d'avoir des serveurs et des services collectifs. Mais alors, il n'y a plus de différence de nature entre les émetteurs centralisés et les usagers décentralisés. Les amateurs rejoignent les professionnels. La micro-initiative s'établit comme style de vie.

Les langues transversales

Le langage sert à communiquer, il sert aussi à se protéger de la communication. Les nouveaux « murs de Berlin » sont dans les têtes. Ce sont des murs de mots, invisibles interdits remplaçant les frontières d'autrefois. Or, la diversité de la technique égale à elle seule celle des autres domaines réunis. L'économie, la sociologie ou la géopolitique se contentent de vocabulaires spécialisés, comprenant quelques milliers de mots. Une langue complète, comme le français, l'anglais, le tamoul ou le mandarin compte quelque soixante mille mots. Il y a déjà plus de deux mille composants dans une seule automobile, et plus de dix mille articles dans les rayons d'un supermarché. Les très grands magasins tels que les Galeries Lafayette gèrent quatre cent mille références. L'inventaire des pièces de rechange de l'armée américaine comprend quatre millions cinq cent mille postes. La description de l'ensemble de la technique moderne demande environ six millions de références, soit cent fois plus qu'une langue. Seule la complexité de la vie est d'ampleur comparable : entre cinq et trente millions d'espèces animales et végétales, selon les estimations récentes. La technique est donc une hyperlangue, à l'intérieur de laquelle se coagulent des sous-vocabulaires, qui sont autant de bastions linguistiques. Les trois mille langues traditionnelles parlées sur la planète sont en train de s'effilocher. Seules

1. Le visiophone « bande étroite » à compression d'image passe par une ligne téléphonique ordinaire mais présente un tressautement de l'image, celui en large bande équivaut à une télévision (c'est-à-dire à mille lignes téléphoniques).

une dizaine d'entre elles sont reconnues mondialement et réduisent progressivement les autres au second plan. Mais, pendant ce temps, le vocabulaire technique, lui, explose, en même temps que se multiplient les spécialités. L'espèce humaine était structurée en tribus territoriales, fières et souveraines. La voilà qui se réorganise en tribus techniciennes, délocalisées. C'est la diaspora des spécialistes.

Conséquence : l'émergence de collectivités transnationales. À mesure que les communications professionnelles tissent leur toile d'araignée sur le monde, l'organisation des sociétés se transforme insensiblement. La multiappartenance gagne du terrain, et les comportements évoluent aussi. Les valeurs du professionnalisme montent : être compétent, tenir ses engagements, connaître ses limites, livrer à temps un service de qualité, payer dans les délais... Combien de nouveaux venus croient que la cupidité est la seule valeur commune de l'économie de marché, enseignée par des griots incompétents, qui psalmodient leur hymne au profit.

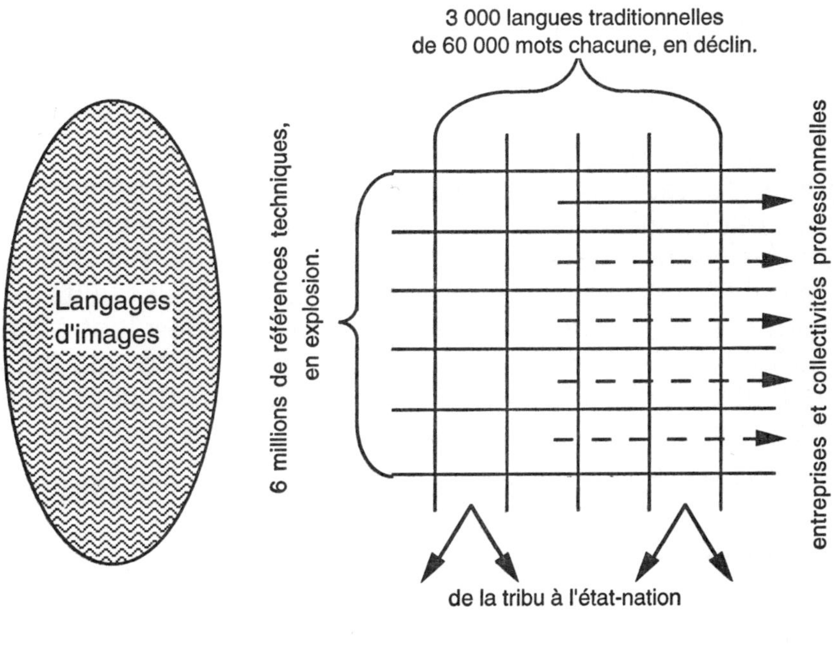

Les dimensions du langage

C'est prendre l'instrument de mesure pour la chose à mesurer[1]. Quelle erreur ! La seule référence, c'est le juste choix de l'acheteur. Et partout où il ne peut s'exercer (à cause de rapports de force ou de bourrage de crâne), on triche avec l'économie. Le plus redoutable ennemi du capitalisme n'est pas le socialisme. Il est en lui-même, quand il se dégrade en capitalisme maffieux.

Le paysage institutionnel mondial se recompose. Il était dominé par les États nations. Ils déclinent, pendant que d'autres entités montent en puissance : les entreprises d'abord. Non seulement les grandes multinationales, qu'on croyait destinées à dominer la planète, mais surtout la cohorte des petites entreprises, fondées chacune sur un talent. Car on peut désormais être multinational sans la lourdeur des grandes structures. C'est le cas des grands créateurs de mode, des designers, d'artisans de talent. Ensuite, il y a la montée des ONG[2], qui reprennent en charge des finalités d'intérêt général (Amnesty, Greenpeace, Médecins sans frontières...). Enfin, le démantèlement des structures étatiques : les compagnies de télécommunication, autrefois farouchement nationales, maintenant déréglementées, se lancent à la conquête des marchés mondiaux, comme aussi les autres opérateurs de services publics : distribution d'eau, électricité, chemins de fer, métro.

La forme des organisations évolue. Elles sont désormais mortelles, alors que les anciennes structures se pensaient éternelles. La mort des entreprises est prévue dans la loi : c'est le règlement judiciaire et la faillite. Le système des entreprises accepte la mort — c'est-à-dire les lois de la vie. Par suite, il est plus vivace que celui des structures étatiques. Rien n'est prévu pour faire mourir les administrations, même en coma dépassé.

Inversement, pour gérer les jeux Olympiques, on cons-

1. Autre formulation : « Quand le doigt montre la Lune, l'imbécile regarde le doigt » (proverbe chinois).

2. Les organisations non gouvernementales, au sens des Nations Unies, telles que la Croix-Rouge.

truit une puissante institution, destinée à s'évanouir dès qu'ils sont terminés. Peu importe ! La mémoire de l'événement a été enregistrée, il reste une trace indélébile des moments d'éternité. Les entreprises elles-mêmes deviennent moins hiérarchiques, plus neuronales. Puisque leur tâche est de traiter l'information, elles s'y adaptent, et s'articulent comme des neurones dans un cerveau. Or, aucun de nos dix milliards de neurones ne commande à tous les autres. Il n'y a pas de chef dans un cerveau, et cependant ça marche, nous sommes là pour en témoigner. Mais il y a des fonctionnalités, des spécialisations, tout un maillage qui reste à découvrir.

Industries hallucinogènes

Néanmoins, dans certaines conditions, le téléphone peut aussi devenir un instrument de pouvoir. Le système de communication de Mitsui, la deuxième maison de commerce d'import-export japonaise, draine plus de cent cinquante milliards de dollars de chiffre d'affaires. Sa carte du monde montre cent vingt succursales, qui forment entre elles un réseau privatif. Ce réseau passe cent vingt mille coups de téléphone par jour. Sa longueur fait quinze fois le tour du monde. N'importe quelle petite entreprise peut amener son produit à cette *shosha*. S'il est accepté, il est commercialisé le lendemain dans le monde entier par ce réseau. Et si Mitsui n'en veut pas, il y a encore huit autres compagnies qui rendent le même service, avec des marges de 3 à 5 % : vraiment un minimum.

Il y a quelques années, le représentant en France de Mitsubishi, l'autre grande shosha, dans un dîner en ville, entend parler d'un de ces appels d'offres semi-confidentiels que nous savons mitonner à l'usage des fournisseurs amis. Il se renseigne et, pendant la nuit, communique avec son réseau. Le lendemain matin, à l'ouverture des bureaux, il remet une réponse chiffrée et imprimée à l'appel d'offres en question. Voilà l'industrialisation de l'information. Il ne s'agit pas d'avoir des places réservées, des chasses gardées, des quotas, des accords de partage de marché, des rentes de ceci, des gisements de cela. Il s'agit d'être le plus rapide dans le maniement des données.

Chez Mitsui, j'ai vu un télex qui venait de Thaïlande et disait : « Compte tenu que M. Untel a été élu à tel poste, nous allons faire le prix du riz à tel cours, prière de confirmer instructions. » Ce jour-là, j'ai compris comment les Japonais étaient passés à travers toutes les crises d'approvisionnement des années 70 sans trop d'encombre. Ils ont partout des positions en acheteurs et en vendeurs, que ce soit pour les matières premières, les denrées alimentaires ou les produits finis. Dans cet « empire des signes [1] » planétaire qui se tisse sous nos pas, il n'y a pas d'empereur. Personne ne détient l'information. On ne peut la posséder ni la confisquer. Elle ne vaut que par son mouvement. Les gagnants sont ceux qui la font circuler le mieux. Les vieux réflexes de capture vont devoir être surmontés. Voici venu le temps des jongleurs industriels.

D'autre part, la télématique sert d'intermédiaire dans la manipulation de l'homme par l'homme. Au siècle dernier, Marx dénonçait l'exploitation de la faiblesse économique. Nous entrons peut-être dans une ère d'exploitation de la faiblesse psychique, où les robots vont être programmés pour saturer notre système de perception, incarner nos fantasmes, gérer nos hallucinations. Voyez les casques virtuels. Le sujet a un gant avec des capteurs, et il manipule un objet virtuel situé en mémoire dans l'ordinateur. Les lunettes lui renvoient l'image de sa main en train de tenir un objet qui n'existe pas.

Ce genre d'appareil a un potentiel de fascination inquiétant. Alan Kay [2], en Californie, a inventé le vivarium. C'est un immense aquarium, toujours en mémoire machine — il n'existe pas, il est virtuel —, où l'on peut se mettre aux commandes d'un animal, par exemple un requin. Et lorsqu'on donne à ce requin des instructions

1. Allusion à Roland Barthes, *L'Empire des signes*, Flammarion, 1991.
2. Auteur des programmations conviviales du Macintosh d'Apple.

qui ne correspondent pas à son éthologie, à ses instincts, il les détourne ou les refuse. Vous naviguez donc comme un requin pendant une heure ou deux. En sortant de là, dans la rue, vous n'évitez plus les becs de gaz de la même manière ! La puissance d'enseignement de ces machines est impressionnante, leur puissance de conditionnement ne l'est pas moins. Elles sont d'ores et déjà utilisées pour entraîner les conducteurs d'avions ou d'engins. Demain, elles formeront des chirurgiens, ou d'autres métiers manuels risqués. Mais elles serviront aussi à intoxiquer ou à conditionner la population. Ce sera à la fois le meilleur et le pire : un turbo-enseignement de masse, d'une efficacité fantastique, et des jeux vidéo débiles, zombifiant nos enfants.

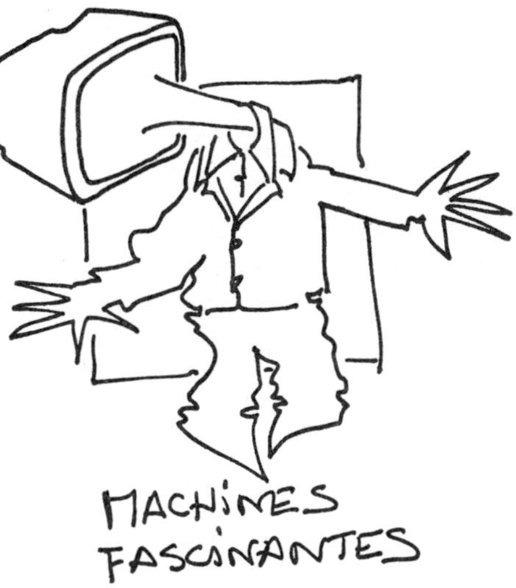

Mais encore, est-ce que la vie de tous les jours va vraiment changer, et en quoi ? Le nouveau système dévoilera ses caractères progressivement. Voici déjà deux traits importants :

- Le premier a été décrit par Alvin Toffler, c'est l'hyperchoix. L'inflation des mémoires auxiliaires, la diversité des productions et des opportunités nous place dans la situation de l'âne de Buridan. Choisir demande un effort accru. Les indécis souffrent, mais aussi les personnes âgées ou handicapées, pour qui choisir demande un effort. Dans l'incertitude, on se réfugie vers le passé (intégrismes et tribalismes), ou bien on se laisse porter par les vicissitudes comme un bouchon par la vague. C'est alors le laxisme, l'attentisme, le fatalisme.

En fait, la technique moderne est trop souvent présentée comme une fatalité. On se lamente que l'homme au travail soit concurrencé par des robots. On se demande si, avec les manipulations génétiques, on ne va pas nous fabriquer des surhommes ou encore des sous-hommes. On craint que les univers virtuels « prennent la tête », et on regrette que tant de consommations créent des accoutumances et fonctionnent socialement comme des drogues. Ces risques soulèvent des craintes. La nouveauté est qu'ils sont si terribles qu'ils obligent l'espèce humaine à choisir collectivement. Mais qui choisit ? Par exemple pour les drogues : si c'est la collectivité, il y a, comme lors de la prohibition, montée en puissance d'organisations criminelles ; si c'est l'individu, encore faut-il qu'il puisse acquérir les défenses psychologiques nécessaires pour résister aux tentations. Ainsi, la technique moderne force l'éthique à se révéler, et les personnes à quitter l'idéologie du confort pour se reprendre en main.

- Le second trait est existentiel. Face à une population amorphe et perplexe, ou au contraire rigide et passéiste, se lèvent des personnes qui donnent sens à la vie. Elles ne représentent qu'elles-mêmes. Les anciennes autorités sont discréditées. Ces personnes, elles, se distinguent par la qualité de leur destin, leur défi vivant par rapport à l'incertitude tourmentée de l'époque. Ce sont des êtres de justice. Le héros du siècle prochain n'est plus Che Guevara, qui servit d'alibi à tant de terroristes, mais plutôt le petit juge exécuté par la maffia. Ce sont aussi des artistes (Coluche), des scientifiques (Cousteau), des humanitaires (mère Teresa). Ils sont tous, à leur manière, des entrepreneurs, des êtres qui se sont créés eux-mêmes, qui ont manifesté la vie même là où elle était menacée.

Des enjeux redoutables nous attendent dès le début du XXIe siècle ! La question de la conscience sera centrale. À cause de sa fragilité, et aussi parce que, malgré ces formidables illusions, et aussi, en réaction, à cause d'elles, il se produit un élargissement de la vision.

Les sciences cognitives

D'où la question centrale du siècle prochain. Qu'est-ce qui est vivant, et qu'est-ce qui ne l'est pas ? Tous les êtres vivants ont en eux des processus de reconnaissance étagés. Une amibe sait reconnaître sa nourriture et discerner les poisons, sinon elle ne survivrait pas. À l'échelle humaine, nous avons des reconnaissances beaucoup plus sophistiqués, qui nous servent à penser, mais aussi de plus frustes à l'échelle moléculaire, les mécanismes immunitaires. La vie est-elle limitée à ce que l'on admet ordinairement comme vivant ? Au lieu de la situer en partant de la matière, c'est-à-dire des molécules « organiques » et des différents « milieux » qu'elles constituent, je crois qu'il faut maintenant la rapporter à des fonctionnements, soit un ensemble de processus de reconnaissance étagés et de reproduction, qui peuvent s'« incarner » dans la chimie des êtres qu'on appelle d'habitude vivants, mais peut-être aussi bien dans d'autres contextes.

Ce faisant, nous quittons l'approche usuelle, matérialiste, et posons le principe d'une autre approche, par les fonctionnements de ce qu'il faut bien appeler l'esprit. Ce point de vue nous amène naturellement à poser quelques questions provocantes, telle que la suivante : si l'on définit la vie par la reconnaissance, ne doit-on pas déjà accepter dans le club des vivants d'autres entités pour lesquelles la question ne se posait pas autrefois ? Par exemple les virus informatiques ou d'autres programmes auto-reproducteurs, mais aussi peut-être ces « personnes morales » que l'espèce humaine sécrète et anime ?

En langage d'entreprise, nous disons couramment : « IBM pense que... » Mais est-ce qu'IBM pense ? Pour un philosophe, IBM ne pense pas, pas plus qu'aucune autre institution. Néanmoins, nous faisons comme si IBM pensait... Mais qu'est-ce donc qu'un être pensant, et comment cela fonctionne-t-il ? C'est la question que se poseront les sciences cognitives, qui seront la discipline centrale des sciences du siècle prochain.

Depuis le début des années 80, les neurophysiologistes, qui étudient le cerveau, les informaticiens, qui tentent de construire des « intelligences artificielles », les linguistes et les philosophes, qui se demandent comment se constituent les mots et les concepts, les éthologues et les psychologues, qui observent les comportements et tentent d'en comprendre les origines et le sens, ont découvert qu'ils avaient à partager une interrogation commune : qu'est-ce que la connaissance ? Cette question, faute d'une méthode d'approche et d'instruments de mesure, était restée d'ordre spéculatif. Désormais, la comparaison de l'organisation et des capacités des êtres vivants d'une part et des robots d'autre part permet au moins d'avancer par tâtonnements. Là où l'artifice rejoint le réel se tapit une nouvelle approche de la vérité.

Mais la connaissance scientifique n'est qu'un aspect de la connaissance. Elle sera donc remise en cause, dans ses fondements et dans sa transmission par les sciences cognitives. Par exemple, les objets mathématiques sont difficiles à percevoir. Leur enseignement est souvent rebutant. Une bonne partie de la population est saisie de réactions de rejet, consécutives aux mésaventures d'initiations ratées. Une articulation des univers virtuels et des sciences cognitives pourrait donner à tous la possibilité de les visualiser et de les manipuler. Ils peuvent devenir aussi familiers que des chiens ou des chats, si leur approche est personnalisée. L'univers mental peut être soit détruit, soit reconstruit par l'interaction de l'homme avec des intelligences artificielles.

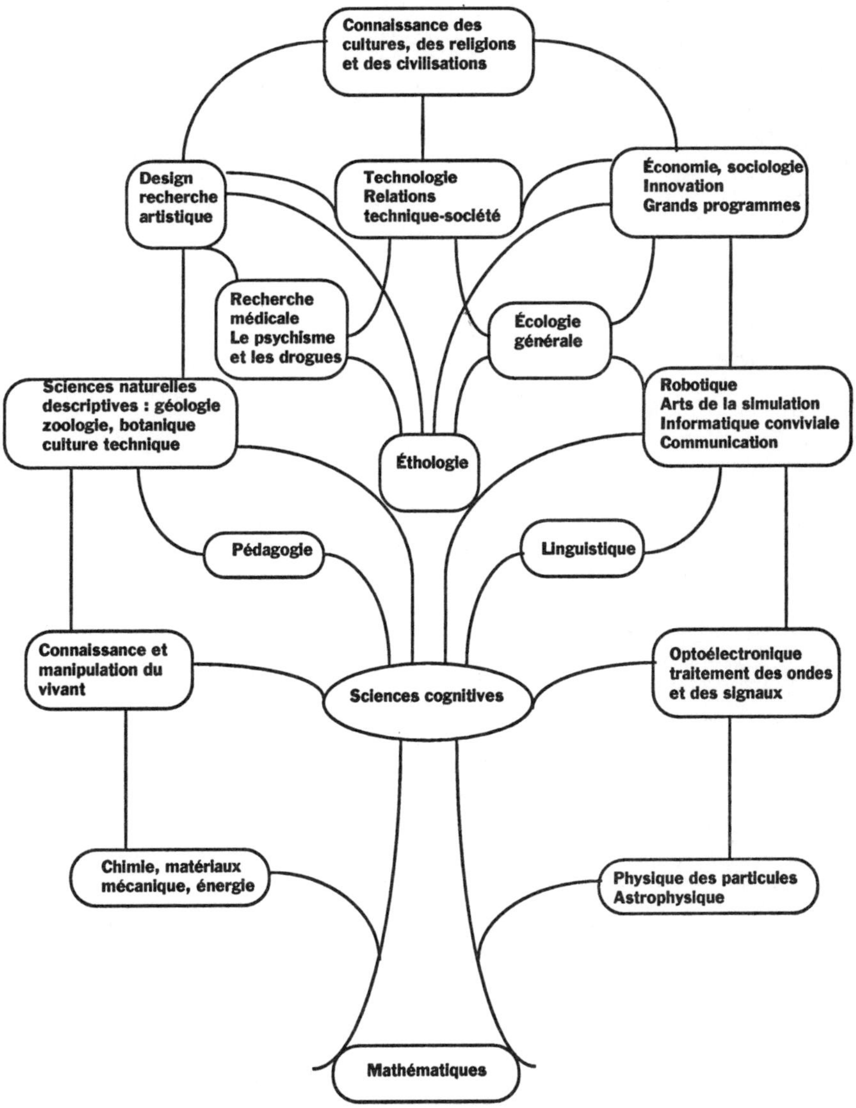

Essai de cartographie des recherches au prochain siècle

Éthologie : les vagues de fond du prochain siècle

Démographie et féminisation

Compte tenu de la durée de la vie humaine, et de la lenteur de l'évolution des mœurs, les démographes peuvent se permettre de publier des projections à cent ans. Elles sont calculées selon un modèle devenu classique, pas à pas : chaque génération donne naissance à des générations nouvelles, en raison de sa fécondité, et est affectée par un coefficient de mortalité. On peut ainsi modéliser l'évolution des pyramides des âges, quand on connaît celles des fécondités et des mortalités. Et ces paramètres suivent une courbe générale, les différentes zones du monde se rapprochant peu à peu des taux des pays développés, à mesure que l'éducation féminine et le nouveau système technique se diffusent.

Pendant les années 70, les démographes prévoyaient une « explosion » de la population. Depuis, les faits sont venus contredire ce pronostic. Ce n'est pas la population qui explose, c'est la contraception. La menace de la « bombe démographique » s'éloigne. Sans doute, nous avons connu une période inquiétante. Les progrès de la médecine préservaient la vie des enfants et la fertilité restait à son niveau ancien : jusqu'à six enfants par femme dans les sociétés traditionnelles (8 au Kenya), alors que 2, 1 suffisent au renouvellement quand la mortalité juvénile est faible. On prédisait donc une croissance exponentielle, aux perspectives catastrophiques.

Le risque de surpopulation n'est pas écarté. Les conditions pour que l'espèce humaine régule ses effectifs sont faciles à énoncer :

- La contraception à l'échelle mondiale, qui procède de l'éducation (particulièrement de l'éducation féminine) et d'une évolution des mentalités (préjugés tribaux et religieux)

- La prospérité économique, laquelle procède de la compétence technologique (éducation) et de la constitution d'une société de droit, où les entrepreneurs puissent développer leurs activités sans risquer d'être pillés, rackettés ou paralysés par des monopoles, des corporatismes ou de la bureaucratie.

Il ne s'agit pas de la seule reproduction, mais d'un ensemble cohérent de comportements, amorçant une spirale de développement fondée sur le savoir-faire technique et le souci de la qualité de service.

Si, par contre, comme on l'a vu récemment en Somalie, au Soudan, au Cambodge..., la société tombe entre les mains de « seigneurs de la guerre » ou de systèmes maffieux comme en Italie ou en Amérique du Sud, ou encore d'intégrismes et de tribalismes refusant le contrôle des naissances, alors l'appauvrissement de la population provoque un réflexe biologique de survie. On multiplie le nombre des enfants, ce qui accroît encore la pauvreté et les autres risques liés à la surpopulation : maladies, agressivité, drogues...

C'est alors une spirale de déclin qui s'amorce, où les rapports de force s'installent, chassant la compétence et réduisant les possibilités d'entreprendre.

Depuis un quart de siècle, la contraception a été multipliée par dix. Elle a surtout augmenté dans les pays en développement. Dès l'an 2000, cinq cent soixante millions de femmes[1] utiliseront des méthodes contraceptives, soit près d'une femme sur deux en âge de procréer. Au siècle prochain, les femmes décideront de l'essentiel : combien serons-nous d'humains sur terre en 2100. Elles le décideront au moyen de la

1. Selon une étude de l'OMS publiée en 1992.

régulation des naissances et selon les valeurs qui sont les leurs.

Ce sera le retour de la féminité. Je dis « retour » en souvenir du temps des déesses mères et du matriarcat. Dans une société où l'on fait moins d'enfants, le soin apporté à la vie est plus intense, la qualité est préférée à la quantité. L'amour devient un enjeu de survie. On peut alors parler, non seulement d'un pouvoir féminin, mais surtout du poids des valeurs féminines : la qualité des relations, l'affectivité, la protection de la vie, l'harmonie avec la nature et le respect des rythmes biologiques. Tandis que les valeurs masculines : autorité, conquête, affirmation..., qui sont cohérentes avec les phases d'expansion conquérante, déclinent.

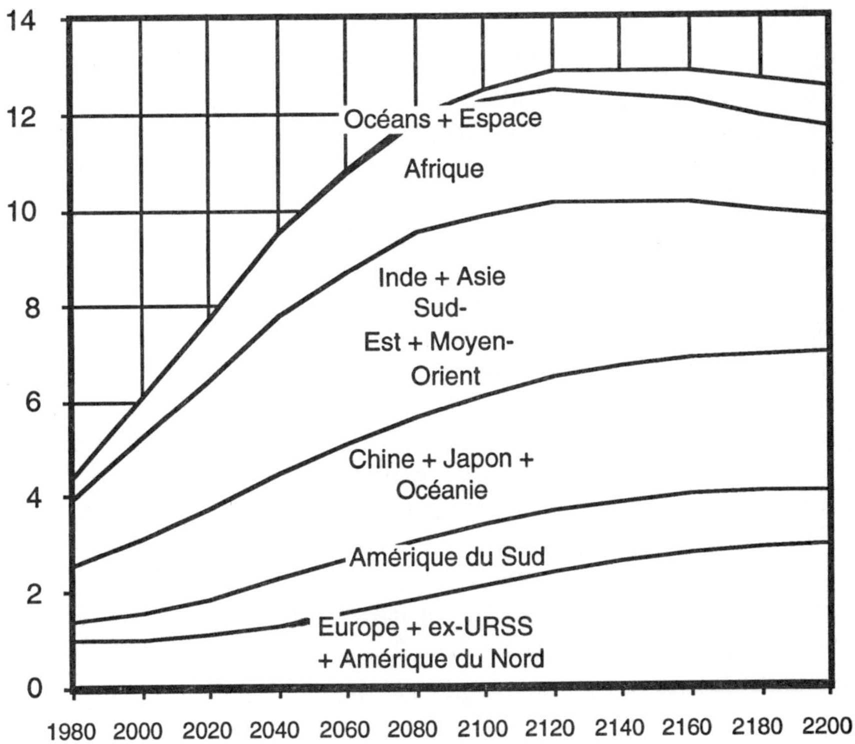

La population jusqu'en 2200 (milliards d'habitants)

Au début des années 80, les premiers résultats de régulation de la fertilité sont apparus. Sur tous les continents, la limitation volontaire des naissances a commencé. Les perspectives sont devenues moins alarmistes. Dès le milieu des années 80, les calculs des Nations unies décrivaient un plafonnement de la population mondiale, aux environs de 10 milliards vers 2100. Nous avons repris ces travaux, en réajustant leurs hypothèses, qui nous paraissaient trop optimistes, particulièrement pour la régulation des naissances en Inde et en Chine. Le calcul aboutit au graphique ci-dessus. Il donne une stabilisation à environ 13 milliards d'habitants en 2140-2160 (au lieu de 10 en 2100). Il s'agit aussi d'une « transition démographique », soit un passage d'un régime ancien de forte fertilité et forte mortalité juvénile, à un régime nouveau de faible fertilité et faible mortalité.

Faible mortalité, dites-vous ? Et le sida ? Est-ce que l'espèce humaine risque d'être décimée, comme autrefois par les grandes pestes ? Il est vrai que, dans certains pays d'Afrique, la proportion de séropositifs semble telle (on parle de 30 % de certaines classes d'âge) que la pyramide démographique en portera sans doute la trace. Il faut néanmoins se souvenir que seuls des événements cataclysmiques affectent sensiblement la démographie. Les deux guerres mondiales n'ont fait que des entailles, dont la première est aujourd'hui effacée, dans la pyramide européenne. Or, le sida est loin d'être aussi contagieux que la grande peste de 1348, qui tua en un an le tiers d'une population européenne désarmée. Il oblige à contrôler sa sexualité. Sa prévention va donc accélérer la diffusion du contrôle des naissances, la montée des valeurs féminines, et peut-être baisser légèrement le plateau de 13 milliards du graphique ci-dessus.

Le peuplement sans frontières
1990

un point noir représente un million de personnes
un point gris représente une ville de plus de cinq millions d'habitants

Si nous sommes 12 ou 13 milliards en 2100, plus du double de maintenant, une angoisse ancestrale monte aux lèvres : « Est-ce qu'il y aura à manger pour tout le monde ? » Voyons d'abord la répartition actuelle de l'espèce humaine sur la planète. Voici une carte du peuplement sans frontière où un petit point représente 1 million d'habitants, et un gros point une ville de plus de 5 millions. Il y a seulement quatre zones denses dans le monde : la Chine, l'Inde, l'Europe de l'Ouest et l'est de l'Amérique du Nord jusqu'aux grands lacs. Le reste est relativement vide. Même l'Afrique n'est pas surpeuplée dans l'absolu, compte tenu de ses immenses ressources naturelles. Décimée par des famines scandaleuses, elle semble actuellement surpeuplée car sa technologie agricole est restée traditionnelle. Des systèmes prédateurs se sont approprié les progrès. Or, le maillage planétaire de l'information entraîne l'unification de la technique, au niveau populaire. Les pays pauvres sont capables d'assimiler le progrès technique agro-alimentaire. L'expérience de la « révolution verte » le montre : à la suite de l'introduction de nouvelles variétés de riz, issues de recherches financées par les fondations Ford et Rockefeller, l'Inde et la Chine ont augmenté leurs rendements en céréales de plus de 5 % par an entre 1975 et 1983, soit plus de 60 % sur l'ensemble de la période. Ces pays vivaient depuis des siècles dans une famine endémique. Ils sont devenus certaines années exportateurs de céréales ! Je parie qu'avant le milieu du siècle prochain, la culture technique africaine aura rejoint celle des autres régions. La richesse du continent noir étonnera le monde.

L'évolution des rendements en céréales entre 1975 et 1990

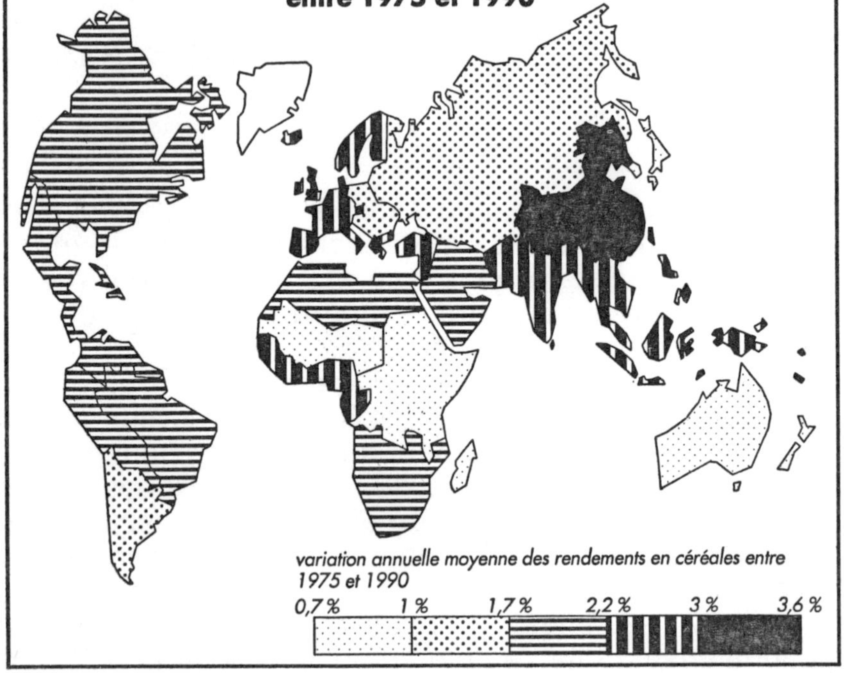

Globalement, il n'y a pas vraiment de quoi s'inquiéter, disent les agronomes. Un inventaire détaillé a été fait au début des années 80 : avec les techniques que nous connaissons, on pourrait nourrir dès aujourd'hui 30

à 40 milliards d'habitants. C'est deux fois plus qu'il n'en faut, et cela sans compter l'aquaculture et les possibilités nouvelles de l'agriculture (plantes transgéniques...). Les ressources naturelles inemployées sont énormes. Partout, on voit des cultures en terrasses abandonnées, des terres en jachère et des zones fertiles délaissées. Les pays développés souffrent de surproduction.

À l'échelle mondiale, les régions dont la population risque de saturer les subsistances[1] sont en fait peu nombreuses. Quand on met en regard les surfaces arables et les capacités hydrologiques d'une part et les prévisions démographiques d'autre part[2], seuls les pays suivants risquent de saturer leurs subsistances dans les décennies à venir : le Burundi, le Bangladesh, l'Égypte, le Kenya, le Malawi, le Rwanda, et les pays désertiques du pourtour méditerranéen, à l'exception du Maroc. Contrairement à une idée répandue, les deux poids lourds de la démographie (40 % de l'espèce humaine) pourraient nourrir une population plus nombreuse : 2 milliards de

1. Au sens de Malthus, *Essai sur le principe de population*.
2. D'après l'étude récente de Higgins, citée par Hervé Le Bras, dossier *Nouvel Observateur* n°11, 1992.

plus pour la Chine et 3 milliards pour l'Inde, sans compter les récoltes pluriannuelles. « Les pays en danger de rupture ne totalisent pas 300 millions d'habitants, soit moins de 6 % de la population mondiale. C'est un chiffre certes énorme, mais trop faible en proportion de l'ensemble de la planète pour crier au feu. »

Nous prévoyons néanmoins d'assez fortes migrations. Les documents officiels sont prudents à ce sujet. Il faut dire que cela ne plaît à aucune des nations représentées aux Nations unies : ni aux pays de départ parce qu'elles prouvent la crise, ni aux pays d'arrivée parce qu'ils ne sont pas prêts à recevoir les migrants. Mais les causes de migration ne sont pas en voie d'extinction, bien au contraire. L'exode rural, dû à la concurrence des agricultures industrialisées, continue dans le tiers monde. L'attrait des zones urbaines plus développées où se trouvent des emplois, même temporaires, des soins médicaux et de l'éducation reste toujours fort. Par ailleurs, la planète se réchauffe lentement, par suite de l'« effet de serre » : le gaz carbonique résultant des combustions (que ce soit l'échappement automobile ou le chauffage au fuel ou au charbon) piège le rayonnement solaire, comme ferait une serre. L'augmentation de la température dans cinquante ans serait, d'après les évaluations de la NASA, d'environ 10° C au voisinage des cercles polaires, et de seulement 1° C ou 2° C au voisinage de l'équateur, avec une montée du niveau des mers d'environ un mètre. Sauf si des moyens énormes sont mobilisés pour la contenir, la progression du désert ne se ralentira pas dans les pays équatoriaux mais, en même temps, des régions du nord deviendront plus habitables. Il est donc naturel de prévoir des migrations sud-nord.

Je crois que la pression des difficultés des grandes villes, où sévissent les plus grandes pauvretés, la violence et la drogue, mèneront à organiser le peuplement, en villes moyennes, de nouveaux territoires, habitables mais actuellement délaissés. Dans cette perspective, apparaît un nouveau continent : l'océan. Une population non négligeable (quelques pour cent de l'espèce humaine) commencera à vivre sur les eaux, dans des cités marines et, au siècle suivant, dans des cités spatiales.

En tout cas, cet exercice de projection amène à se demander pourquoi la fertilité se régule progressivement sur tous les continents. S'agit-il d'une cause temporaire, ou bien durable ?

Les espèces animales ont des modes d'existence divers. Les effectifs s'ajustent nécessairement aux ressources et à l'action des prédateurs. Mais, pour certaines, une très forte fertilité compense une très forte mortalité : pour un poisson adulte, il naît dix mille alevins. Pour d'autres, plus dominantes, craignant moins les maladies, tels les primates et les autres grands mammifères, quelques petits par femelle suffisent à maintenir l'espèce. Ainsi, même chez les animaux, la reproduction est affaire de culture.

Pour les humains aussi. La fertilité baisse à mesure que l'urbanisation et l'éducation progressent. Ainsi, au Mexique, elle a diminué de 25 % en cinq ans. Ce n'est pas tant la pression du gouvernement comme en Inde ou en Chine, mais, d'après une étude détaillée, le développement de l'éducation féminine qui a causé cette régulation. Le désir de limiter les naissances était déjà là. L'enquête des Nations unies (1990) dit qu'une grossesse sur trois dans le tiers monde aurait été évitée si elle avait pu l'être, et les femmes du tiers monde ne disent pas encore tout ce qu'elles pensent en la matière. Au siècle prochain, elles accèdent à la contraception, actuellement réservée de fait aux pays développés même si l'analphabétisme qui sévit dans les régimes pauvres s'accompagne encore d'une inégalité des sexes à l'école.

Les féministes d'autrefois revendiquaient surtout que les femmes puissent aussi tenir des rôles traditionnellement dévolus aux hommes, et soient traitées sur un pied d'égalité avec eux. Dans bien des pays, la loi leur a donné raison, même si les pratiques n'ont pas suivi. Mais, en enfourchant cette cause, les militantes prenaient aussi fait et cause pour les valeurs masculines de domination dont elles critiquaient les effets. Peut-être n'était-il pas possible de faire autrement à l'époque. Mais dès que les positions de force cèdent, les vraies questions réapparaissent.

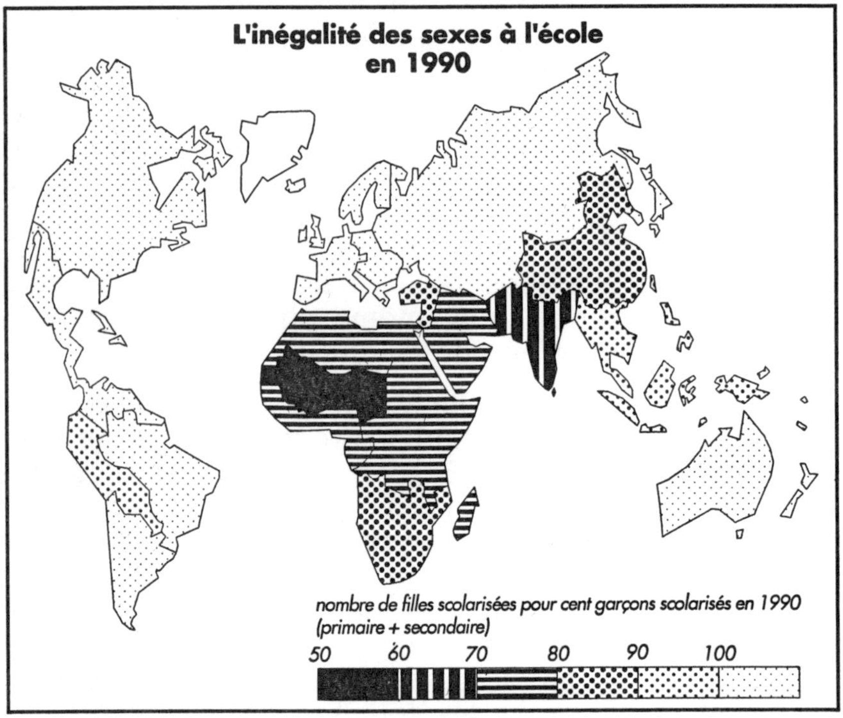

L'inégalité des sexes à l'école en 1990

Il ne s'agit pas d'une lutte pour la suprématie des mâles ou des femelles. Nous avons tous en nous mêmes à la fois une part masculine et une part féminine. Ces deux aspects de notre personnalité s'expriment plus ou moins selon les circonstances et la tonalité de la vie sociale. Au siècle prochain, il s'agit d'une évolution générale des comportements vers un style plus féminin.

Dans la gestion des entreprises par exemple, le style masculin, très au carré, fait prévaloir les rapports de force, met les choses en coupe réglée, énonce des directives, exige et au besoin contraint. Le style féminin, au contraire, recherche l'harmonie avec le client et le fournisseur. Prévenant, il se soucie des détails qui facilitent et agrémentent la vie. Inspiré d'un principe de plaisir, il trouve l'efficacité par d'autres voies. Après le temps de la puissance et de la quantité, vient celui du charme et de la qualité.

Pourquoi ne pas imaginer aussi que les objets quotidiens traduiront, à leur manière, cette évolution ? Les immenses tours de bureaux que les entreprises ont érigées au XXe siècle en témoignage de leur force et de leur gloire, sont manifestement des symboles phalliques, impudiquement dressés vers le ciel. Le bureau du P.-D.G. se trouve au sommet pour bien signifier son rôle séminal. Tout y respire le pouvoir masculin. Par contre, les cités souterraines construites à la fin du XXe siècle (le trou des Halles à Paris, plusieurs quartiers commerciaux à Montréal) expriment au contraire une architecture féminine, faite pour être vue du dedans, sorte de matrice d'accueil pour visiteurs à la recherche de nourritures.

Plus encore que des formes architecturales, il s'agit d'une autre manière de concevoir l'environnement, procédant d'un retour aux besoins vitaux. Nous avons construit des bâtiments faits pour être vus du dehors, alors qu'ils sont destinés à être habités, donc vus du dedans. Nous savons maintenant combien l'environnement visuel, sonore, olfactif, tactile influe sur l'état de notre psychisme. Un nouvel humanisme est en germe, en rapport avec ces vrais besoins. Il est d'inspiration féminine.

Les sauvages urbains

Néanmoins, la sensation de surpeuplement n'est pas sans fondement. Si l'on regarde le monde sans frontières, où est le surpeuplement ? En Angola, avec 15 habitants au km^2 cultivable, ou bien à New York ou dans les autres mégalopoles où la densité dépasse les 1 000 habitants à l'hectare, soit cent mille fois plus, sur du terrain devenu stérile (mis à part quelques potagers urbains militants). Ces villes importent et rejettent chaque année près d'une tonne de nourriture et de déchets par habitant, au milieu d'embouteillages infernaux. Les citadins ressentent directement les effets de la surpopulation. Ils projettent leur angoisse sur les pays pauvres, les accusant d'être surpeuplés, alors que, au contraire, d'immenses ressources naturelles y sont délaissées. L'apologue suivant, dû à Desmond Morris, remet les choses à leur place :

« Imaginez un territoire de trente kilomètres de long sur trente kilomètres de large. Supposez-le sauvage, peuplé d'animaux petits et grands. Représentez-vous maintenant un groupe compact de soixante êtres humains campant au milieu de cette région. Essayez de vous voir assis là, en tant que membre de cette tribu miniature, avec le paysage, votre paysage, s'étendant autour de vous à perte de vue. Nul sauf ceux de votre tribu n'utilise ce vaste espace. C'est votre domaine exclusif, le terrain de chasse de votre tribu. De temps en temps, les hommes de votre groupe partent à la poursuite d'une proie. Les femmes cueillent les fruits et les baies. Les enfants jouent bruyamment dans les parages du camp, imitant les techniques de chasse de leurs pères...

Imaginez maintenant un territoire de trente kilomètres de long sur trente kilomètres de large. Supposez-le civilisé, peuplé de machines et de constructions. Représentez-vous un groupe compact de six millions d'êtres humains campant au milieu de cette région. Essayez de vous voir aussi là, avec tout le paysage complexe de la grande ville s'étendant autour de vous, à perte de vue.

Comparez maintenant ces deux paysages. Dans le second, il y a cent mille individus pour chacun de ceux qui se trouvent dans le premier. L'espace est demeuré le même. En termes d'évolution[1], ce changement radi-

1. Au sens de la théorie de l'évolution des espèces (Darwin...)

cal a été presque instantané : il n'a fallu que quelques milliers d'années pour transformer le décor en un décor deux. L'animal humain semble s'être brillamment adapté aux nouvelles et extraordinaires conditions qui lui sont imposées, mais il n'a pas eu le temps de changer sur le plan biologique, d'évoluer pour devenir une nouvelle espèce génétiquement civilisée. Ce processus civilisateur s'est fait entièrement par l'apprentissage et le conditionnement. Biologiquement parlant, il est toujours le simple animal tribal décrit dans la première scène. Il a vécu ainsi, non pas pendant quelques siècles, mais pendant un bon million d'années.

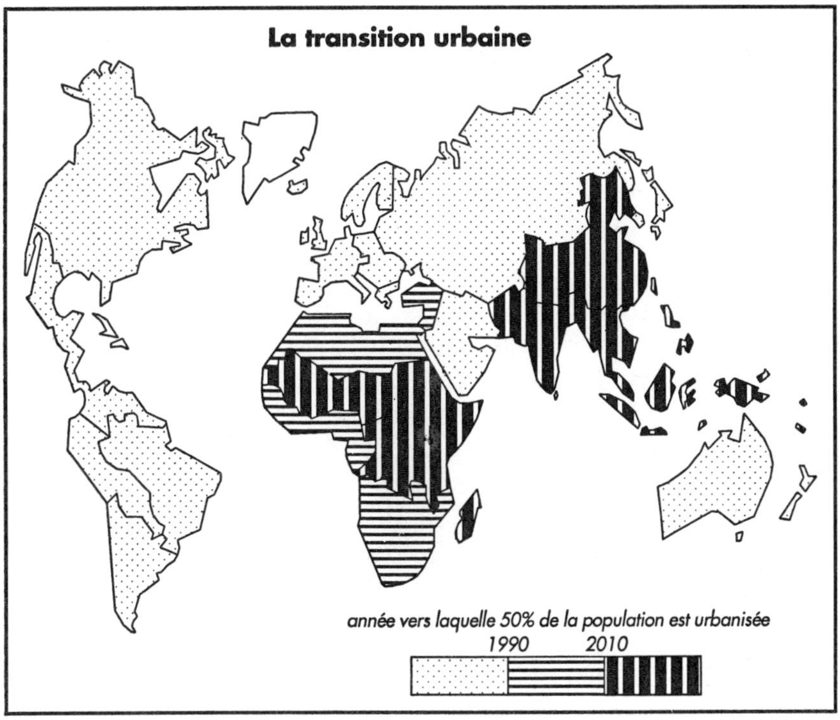

Désormais, il est devenu un citoyen, membre d'une « supertribu », et la différence essentielle, c'est qu'il ne connaît plus personnellement chaque membre de la communauté à laquelle il appartient. Ce changement, passage de la société personnalisée à la société impersonnelle a causé et cause encore à l'animal humain ses plus grandes angoisses« [1].

Voici la plus grande tension du début du siècle prochain : en l'an 2000, plus d'un milliard d'êtres humains sur six ont été chassés de leurs terres par la concurrence des agricultures industrialisées. Ils viennent peupler les banlieues des grandes villes, à Mexico [2] comme à Los Angeles, à San Paolo comme à Bombay, en Abidjan comme à Washington, à Londres comme à Shanghai. À la seconde génération naissent des enfants qui ne peuvent plus retourner dans le milieu naturel de leurs ancêtres. Le savoir-faire agricole de survie ne leur a pas été transmis. Ils ne sont pas non plus familiers avec les technologies modernes : l'école n'était pas prête à les accueillir. Ce sont des « sauvages urbains », des hommes et des femmes élevés en dehors de toute culture, quasiment revenus à l'état de nature. Dans cette situation, ils sont obligés de considérer la ville comme une jungle et d'y inventer de nouveaux moyens de survie [3].

Déjà, dans toutes les villes du monde, les urbanistes vous diront qu'il y a des quartiers où la police ne s'aventure pas : trop dangereux ! Et, quand la police n'y va pas, le plombier n'y va pas non plus. Alors, les immeubles se dégradent, sont « squattés », et c'est une autre société qui se met en place. Elle est à la merci des intégrismes, des sectes, des maffias et de toutes les organisations exploitant l'errance et l'exclusion. Dans les failles laissées béantes par la société officielle, s'installent alors des contre-sociétés sectaires.

Si les sauvages urbains ne représentaient que 2 ou

1. D. Morris, *Le Zoo humain*, *op. cit.*
2. Plus grande ville du monde, elle dépasse les vingt millions d'habitants.
3. Voir le tableau dressé sous la direction de Pierre Bourdieu, *La Misère du monde*, Seuil, 1993.

3 % de l'espèce humaine, ce ne serait qu'un problème d'assistance et de contrôle social. S'ils sont plus de 10 % des jeunes, cela devient une question structurelle. Or, vers 2005, la moitié de l'espèce humaine vivra dans les villes, et la part de la population urbanisée augmentera encore par la suite. Les pays développés dépassent les 80 %. Sans doute, les communications modernes, parce qu'elles permettent le travail à distance, vont ralentir puis inverser cette tendance à l'urbanisation. Mais on peut seulement espérer que leur influence sur l'habitat se fasse sentir d'ici une vingtaine d'années, compte tenu des délais de mise en place des infrastructures et d'évolution des mentalités. Dans l'immédiat, l'humanité a omis de prendre en charge une partie de ses enfants. Devenus adultes, ils renverront aux générations précédentes la négation qu'ils ont subie. Ce n'est pas une bombe démographique, mais bien une bombe sociale que nous avons laissée se constituer, par le fonctionnement débridé des machines économiques.

La multiappartenance

La troisième vague de fond touche aux comportements. Il faut aborder le troisième millénaire avec humilité. 98 % de notre patrimoine génétique est le même que celui du chimpanzé. Derrière chaque être humain il y a un primate qui se cache... Nous entrons dans le XXIe siècle avec les pouvoirs d'un démiurge et les instincts d'un primate. C'est une période à hauts risques. Il faut donc s'interroger d'urgence sur le comportement des singes en société.

Les primates sont tribaux, comme bien d'autres mammifères. Ce tribalisme peut se manifester de manière festive, comme aussi de manière agressive. En Europe, il nous a fallu deux guerres mondiales plus quarante ans (la chute du mur de Berlin), pour arriver à nous réjouir de nos succès respectifs, au lieu de réagir en ennemis héréditaires.

Quand on pense aux zones du monde qui, aujourd'hui, sont encore animées d'esprits tribaux (ex-Yougoslavie, ex-Union soviétique, Inde, Afrique...), on ne peut que souhaiter qu'elles aillent plus vite et fassent moins de morts que nous dans leur passage à l'après-tribalisme. Mais y passeront-elles ? La réapparition des solidarités ethniques, venant après la période d'intimidation de la guerre froide, est-elle le retour à l'état normal de conflictualité, ou bien une phase temporaire de liquidation des anciennes appartenances ?

L'éthologie de l'agressivité des primates montre des gesticulations impressionnantes visant la défense du territoire, mais rarement poussées jusqu'au meurtre. Les guerres contemporaines, bien qu'épouvantablement meurtrières, se sont arrêtées avant de mettre en danger la survie de l'espèce. Même l'acharnement nazi n'a pu accomplir le génocide qu'il avait programmé. Les successeurs se sont réconciliés. Ils bâtissent l'Europe ensemble. Lorsque l'absurde est atteint, les peuples se disent : « Plus jamais ça ! » Et il font le nécessaire pour éviter le retour des vieux démons. Dans les sociétés techniciennes complexes, l'information est plus rapide et l'intolérable se manifeste plus vite qu'autrefois. Quand les approvisionnements en eau, en électricité, en carburants défaillent, les obstinations se calment.

Mais qu'est-ce que l'après-tribalisme ? Tout le monde a besoin « d'appartenir ». Lorsque l'être humain n'a pas de tribu, il s'en invente. Il invente l'entreprise, l'État nation, l'association, le club de football, et bien d'autres façons de se sentir solidaire, au chaud, dans une collectivité qui le rassure et le stimule à la fois. Aujourd'hui nous quittons l'appartenance exclusive totalisante, voire totalitaire, pour une ère de multi-appartenance.

On appartient à la fois à une tribu indienne à cause des nattes, et à la tribu des businessmen à cause de la cravate. Cette diversité gagne peu à peu toute la planète. Partout des individus appartiennent à plusieurs collectivités fort éloignées les unes des autres. La diaspora est généralisée à tous les peuples. Après les anciennes diasporas juives, arméniennes et tziganes, il y a désormais des diasporas palestiniennes, maghrébines, turques, chinoises, indiennes et africaines, et aussi des diasporas professionnelles. Le village des électroniciens est planétaire, celui des biotechnologistes aussi.

L'espèce humaine se trouve devant une situation qu'elle n'a jamais connue, de toute son histoire. Les individus peuvent communiquer entre eux, instantanément, d'un bout à l'autre de la planète (par téléphone aujourd'hui, par visiophone demain). L'idée d'un « village planétaire[1] » correspond à la première phase de la société du spectacle, celle de la télévision, où seuls quelques-uns ont la parole. Vient ensuite une superposition de multiples villages planétaires professionnels, comprenant chacun quelques centaines de personnes.

À mesure que le commerce étend ses réseaux sur le monde, insensiblement, la multiappartenance gagne du terrain. Car on appartenait à une tribu vingt-quatre heures sur vingt-quatre, de sa naissance à sa mort, et

1. Marshall McLuhan, *Pour comprendre les médias.*

même au-delà. On n'appartient à une entreprise que huit heures par jour, congés et retraites non compris.

En même temps, on appartient à une famille, à une cité, à des associations et à des groupements divers. L'évolution du travail estompe progressivement la dépendance de l'employé : les sociétés de travail temporaire, le *free lance*, le temps partiel, toutes ces innovations sociales vont dans le sens de la multiappartenance. Néanmoins, les comportements traditionnels résistent. L'autoritarisme et sa contrepartie, la servilité sont encore présents dans les organisations. Les promotions se font souvent selon l'allégeance plutôt que selon la compétence. Le mouvement d'objectivation et de professionnalisme, qui va avec la multiappartenance se heurte partout aux vieilles habitudes claniques.

L'entrepreneur issu d'une tribu traditionnelle doit lutter contre ses proches pour conserver l'argent dans l'entreprise. Dès qu'il en a gagné, ses frères, ses cousins, ses oncles et ses neveux lui sautent dessus, réclamant un partage. Il est sollicité pour financer des fêtes traditionnelles ou des mariages. L'accumulation du capital nécessaire à son essor est paralysée par le poids de ses devoirs tribaux. Et la corruption, vue comme un crime dans les sociétés de droit, est vécue comme naturelle si l'intérêt du clan est placé au-dessus de tous les autres. Donc, le respect des règles comptables élémentaires, la distinction entre le patrimoine de la personne et celui de l'entreprise remettent en cause des réflexes profonds de l'être humain, liés à son enracinement tribal. C'est pourquoi il faut quelques générations et de solides garde-fous pour que les règles de droit préservant l'acquis des entreprises, des associations et autres personnes morales s'établissent durablement.

La multiappartenance est aussi une conséquence du maillage des communications planétaires. Elle gagne toutes les sociétés, même les plus rétives, au fur et à mesure que les connexions s'établissent, quand le tissu de lignes téléphoniques se densifie et que les échanges économiques s'accroissent. Elle produit une reconfiguration du paysage institutionnel, à tous les niveaux. Les États nations, vestiges du système technique précédent, déclinent. Les entreprises, au contraire, forment un ensemble vivace et conquérant. Surtout les petites, car les structures trop lourdes sont contre-sélectionnées, comme disent les biologistes, par les mécanismes du marché postmoderne. Enfin, le tiers secteur, je veux dire celui des organisations non gouvernementales, monte en puissance. On y trouve des institutions militantes (Greenpeace, Amnesty), des humanitaires (Croix-Rouge, Médecins sans frontières) des professionnels (agence Reuter), des organes de concertation (ISO, pour les normes industrielles). Dans un tel paysage, la géopolitique d'autrefois inquiète des zones d'influence, des pouvoirs, des conquêtes et des rapports de force, n'a plus grand sens. On a dit que nous approchions de la fin de l'histoire[1]. Certains n'y croient pas. D'autres saluent avec nostalgie cette époque héroïque où les hommes s'étripaient pour un lopin de terre. Bientôt, cette barbarie apparaîtra comme une préhistoire. Car, pour ce qui est de la création humaine, ce n'est pas à la fin de l'histoire que nous assistons, mais à son début.

La nature reconstruite

Avec la multiappartenance, l'espèce humaine négocie avec sa propre nature. Elle joue avec les instincts du primate, les utilise comme le navigateur s'appuie sur les vents. Au-delà de cette évolution, où les entreprises et les autres institutions deviennent comme des êtres vivants, la relation de l'homme avec la vie et la nature tout entière est revisitée.

1. Francis Fukuyama, *La Fin de l'histoire et le dernier homme*, Flammarion, 1992.

Descartes disait : le temps est venu de nous rendre « comme maîtres et possesseurs de la nature ». Les philosophes du siècle des Lumières ajoutaient : « Nous allons l'exploiter, grâce aux connaissances que donnent la science et la technique, sa fille. Par ce moyen, nous éloignerons la misère, malédiction qui pèse sur l'espèce depuis des siècles. »

Nous arrivons maintenant à la fin de ce mouvement, et voyons s'amorcer son retournement. L'écologie est sans doute la seule idée politique vraiment nouvelle depuis la Seconde Guerre mondiale. Elle s'impose au vu des dégâts et des risques planétaires. Elle dénonce les surexploitations et les pollutions. Mais, sous des apparences bucoliques, sa remise en question est bien plus radicale.

Les faits sont là : aucun continent n'est épargné par la crise écologique, sauf peut-être l'Europe. Le public connaît la sécheresse du Sahel, la déforestation de l'Amazonie, les marées noires et la catastrophe de Tchernobyl. Il respire tous les jours la scandaleuse pollution des grandes villes. Il sait moins que la Chine risque une crise écologique au début du siècle prochain, par suite du déboisement, et que les États-Unis surexploitent leur nappe phréatique dans le Middle West, qui commence à présenter des signes inquiétants d'appauvrissement. Le nombre total d'espèces différentes, végétales et animales, se situe entre 5 et 30 millions (dont seulement 1,4 million sont répertoriées). Mais il en disparaît 50 000 chaque année ! Autrement dit, à ce rythme, le patrimoine génétique de notre planète (à supposer qu'il soit de 10 millions) serait épuisé en deux cents ans, alors qu'il a fallu trois milliards d'années pour le constituer. Les activités humaines auraient[1] accéléré la vitesse des disparitions d'espèces entre mille et dix mille fois.

1. D'après les travaux d'Edward O. Wilson, cité par *Science et Vie*, mai 1993.

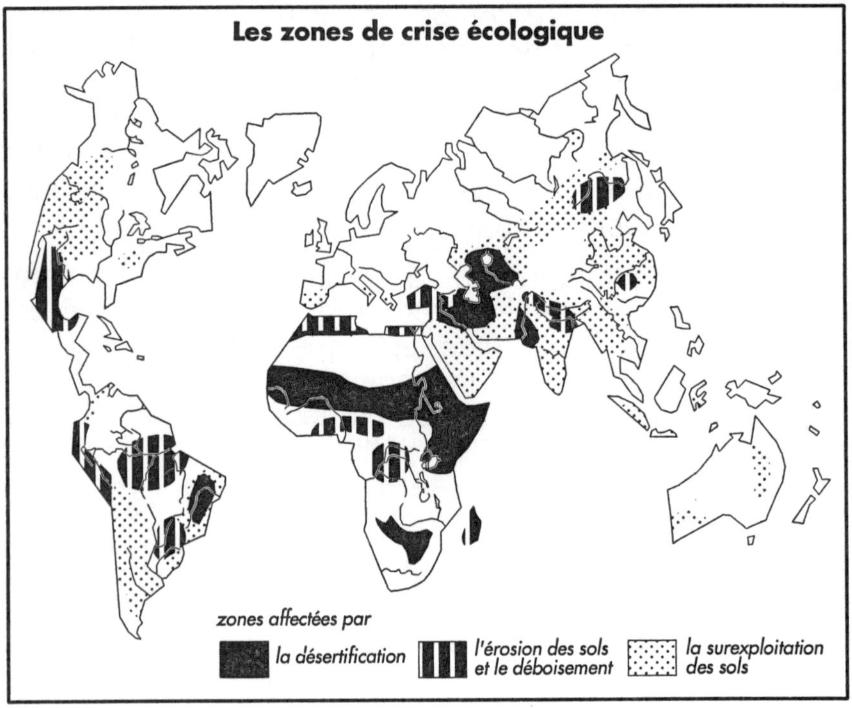

Les grands greniers à blé de l'Antiquité : la Mésopotamie (l'Iran et l'Irak), l'Anatolie (la Turquie), le Maghreb sont désertifiés ou en voie de désertification du fait de l'homme, à cause de la surexploitation agricole. L'Europe a la chance d'avoir un climat tempéré, une végétation résistante et une tradition de prudence depuis les catastrophes du Moyen Âge. Les autres continents n'en sont pas là. La prévoyance de l'espèce humaine est désormais mise au défi. Sans doute, les grands pays forestiers du nord (Scandinavie, Canada) ont pris récemment des législations de conservation de la forêt. Des accords mondiaux ont été passés pour la préservation de certaines espèces en voie de disparition : limitation des pêches, protection des oiseaux rares. Mais les moyens de les faire respecter ne sont pas encore vraiment opérationnels.

L'espèce humaine n'est plus seulement l'exploitant de la nature. Elle en est aussi son gardien. Cette responsabilité nouvelle nous amène à négocier avec nos instincts. La nature n'est déjà plus la mère généreuse et éternelle qui engendra nos ancêtres. Elle a été transfigurée en une techno-nature[1]. J'entends par là que notre environnement immédiat quotidien est meublé d'objets artificiels. Même les espaces dits « naturels » sont mis en coupe réglée (agriculture, élevage) ou placés sous la protection de l'homme (parcs naturels). Au siècle prochain, les dernières grandes forêts sauvages (Amazonie, Afrique centrale, Sud-Est asiatique) seront, au mieux, placées sous la garde vigilante d'institutions protectrices, au pire exploitées sans vergogne. Les océans eux-mêmes, avec l'aquaculture et la limitation volontaire des pêches, deviennent des espaces contrôlés. La planète entière entre dans la sphère de la techno-nature. L'homme en est le jardinier, le gardien des équilibres. La recherche d'équilibres est d'ailleurs cohérente avec la régulation démographique et la féminisation.

Avant de se mettre en harmonie avec la nature, l'homme revisite sa relation avec sa propre nature. Nous sommes dans les villes comme des animaux dans un zoo. Dans les zoos, les animaux sont malheureux. Ils n'ont pas l'espace pour jouer, les couleurs, les odeurs, les stimuli sensoriels et affectifs dont ils ont besoin. Alors, certains restent prostrés dans un coin. Ils dorment. D'autres présentent le balancement de détresse qu'on voit aussi dans les orphelinats, les asiles ou les mouroirs. D'autres enfin, en compensation, se mettent à surconsommer, parfois jusqu'à des niveaux dangereux. On a vu un ours mourir d'avoir trop mangé, trop mangé de désespoir. Si nous faisons la carte planétaire du mal-manger, nous voyons des pays à moins de 2 000 calories par jour, ceux qui ont faim, et aussi des pays à plus de 3 400 calories par jour,

1. Philippe Roqueplo, *Penser la technique, pour une démocratie concrète*, Seuil, 1993.

ceux qui mangent trop : les pauvres du dehors et les pauvres du dedans !

La carte du mal-manger en 1990

origine des calories	végétale	%	**93**	85	**91**	85	**91**	80	70	65
	animale	%	7	15	9	15	9	20	**30**	**35**
nombre de calories / jour			2 200	2 200	2 500	2 750	3 000	3 000	**3 400**	**3 400**

La recommandation de Voltaire « Cultivons notre jardin » prend désormais tout son sens. Le jardin planétaire, dont nous avons de fait la responsabilité, et le jardin intérieur aussi. Car sans équilibre personnel nous ne pourrions pas assumer le pilotage de la biosphère.

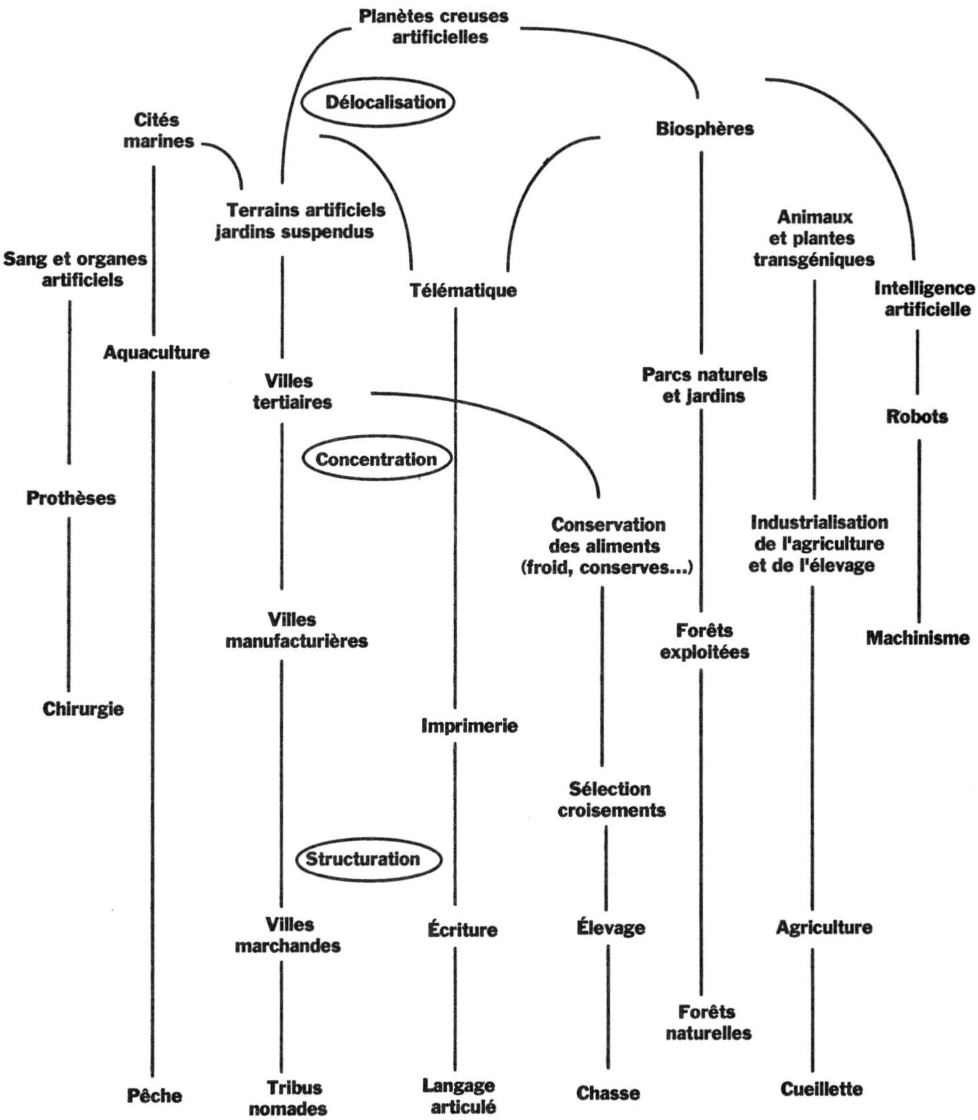

Stades successifs de la techno-nature

Quel parti prendre ?

La question de la technique

Après avoir constaté les transformations du système technique, il nous faut revenir sur une question, essentielle pour le prospectiviste : comment la technique interagit-elle avec la société ? D'un coté, la société produit des innovations, de l'autre la technique rétroagit sur la société d'une manière parfois imprévue. Les inventions dépassent leurs inventeurs, et ceux-ci apparaissent comme des apprentis sorciers. Graham Bell, en inventant le téléphone[1] cherchait à aider les sourds. Après, on crut qu'il servirait surtout à écouter les pièces de théâtre en restant chez soi. Vers 1900, on l'appelait le théâtrophone. On imaginait aussi que les femmes l'utiliseraient pour donner rendez-vous à leurs amants, ce qui était déjà plus réaliste. Mais il fallut attendre encore soixante-dix ans pour que l'on admette que le réseau téléphonique est le système nerveux de l'économie moderne. En 1990, la plupart des modèles économiques n'en tiennent pas encore compte. L'interprétation de la nature profonde d'une technologie particulière — ici le téléphone — est donc loin d'être évidente. Celle de l'ensemble du système technique l'est encore moins, comme nous allons le voir.

Heidegger, en 1953, s'était interrogé sur l'essence de la technique moderne devant un public d'ingénieurs. L'époque était difficile. L'Allemagne sortait de la démence nazie et se relevait à peine de la révélation de ses propres crimes. La reconstruction occupait l'Europe. On dupliquait

1. Je passe sous silence les travaux antérieurs du Français Charles Bourseul, fonctionnaire des postes, qui s'est fait rappeler à l'ordre par sa hiérarchie pour avoir tenté de bricoler des communications électriques au lieu de faire le métier pour lequel il était payé.

en série des techniques connues, remplaçant par une grise et fonctionnelle uniformité des siècles de patients ouvrages que la guerre avait détruits. C'étaient, pour l'économie, les « trente glorieuses[1] », et, pour l'innovation, les trente dormeuses. Porté sans doute par une secrète nostalgie, le philosophe voulut grossir le trait. Il dit que la technique moderne, c'est la réquisition (*gestell*, mot allemand ambigu, qui signifie aussi armature, étagère et squelette). Elle saisit la nature. L'énergie du Rhin, fleuve sacré des nains, habité d'esprits ancestraux, est forcée dans de barbares turbines, prisonnière d'un béton grossier. Il dit aussi combien cela est grave, car l'essence de la technique n'est rien de technique. C'est le dévoilement *(alèthèia)*, la vérité de l'époque, qui s'exprime dans ses productions. Et, sous-entendu, si nous agissons avec barbarie envers la nature, c'est que nous sommes des barbares.

Si l'innovation imprime dans la nature un ordre intérieur à l'homme alors, il faut s'interroger sans indulgence. Entre le geste de semer le mil en ligne et les batteries d'élevage de poulets, il n'y a qu'une différence de degré. C'est la même logique de rationalisation qui est à l'œuvre. C'est aussi celle qui fabrique des bovins difformes aux muscles gonflés, prêts pour l'abattage. La vie n'y trouve plus son compte. Traiter des animaux comme des machines à produire de la viande est monstrueux. C'est refuser de reconnaître qu'ils sont dépositaires de vie.

Cette rationalité-là ne peut pas être acceptée comme un aboutissement. C'est le contraire d'une civilisation. Et, cependant, elle est à l'œuvre sous nos yeux dans de multiples situations du monde moderne : non seulement dans l'agriculture industrialisée, l'élevage et demain l'aquaculture, mais aussi, pour les humains, dans le travail à la chaîne qui mutile les facultés d'adaptation, dans les enseignements disciplinaires qui tuent la créativité. Elle imprègne insidieusement l'économie, comme une marée noire qui remonterait d'un tréfonds diabolique.

1. Expression due à Jean Fourastié.

Heidegger évoquait le Rhin canalisé, réquisitionné pour fournir son énergie. Qu'aurait-il dit s'il avait porté son regard vers ces contraintes imposées à la vie ? À force de prétendue objectivité, des sujets sont projetés dans l'espace des objets et traités comme s'ils étaient des choses inertes. Voilà en effet l'image que nous avons de la raison : un carcan, une canalisation forcée de l'énergie vitale. Elle s'exprime aussi dans ce mot hideux : formation. Il dit la mise en forme des humains, pourquoi pas laminage ou extrusion !

Cette « rationalisation » n'est pas la raison. Elle mène à la déraison. C'est la récupération des résultats d'une analyse rationnelle au profit de la plus irrationnelle et déraisonnable des choses : la possession.

L'ethnocide permanent

La barbarie s'exerce inconsciemment. La destruction ne prévient pas. Certains objets attaquent les sociétés comme des virus. En voici un exemple :

« Chaque civilisation a ses techniques de survie : chez les Esquimaux, la fabrication du kayak ou des vêtements est vitale. l'erreur se paye en vies humaines. La moindre perturbation de ces techniques représente un enjeu tel que mille précautions l'entourent. Elles sont cependant déjouées :

Ainsi, l'introduction du couteau, en échange de quelques peaux de phoque, transaction perçue comme avantageuse de part et d'autre, produit les effets suivants :

- La technique ancienne (l'outil coupant taillé dans l'os de phoque) est dévalorisée.
- Les porteurs de cette technique perdent leur statut.
- Les jeunes, plus vite adaptés au nouvel objet, méprisent les anciens ; les rapports sociaux sont déstructurés.
- Le savoir-faire ancien n'est plus transmis ; une

génération suffit à l'oublier, bien qu'il existât depuis des millénaires.

- La productivité s'accroît. La population aussi. Mais elle est désormais dépendante d'un circuit d'approvisionnement externe, dont les termes de l'échange lui échappent. Elle perd à la fois son autonomie, ses régulations et son équilibre interne.

S'ils avaient pu prévoir cette évolution, les Esquimaux s'y seraient refusés. Il se peut aussi que, à l'image des Indiens d'Amérique, leurs enfants soient saisis d'un désir de retour aux sources et déclenchent un combat sacré pour la survie de leur culture[1].

Il s'agit en effet d'un ethnocide[2] par les objets. Tandis que le génocide est la destruction physique d'un peuple, l'ethnocide est la destruction de sa culture et s'accompagne souvent d'un accroissement de ses effectifs. C'est là un point de départ de l'analyse, soulignant le poids d'un objet, même petit. »

L'entrée dans un circuit de dépendance est, consciemment ou non, ressentie comme une perte vitale. Un sentiment instinctif de danger s'établit. Quelque chose a changé dans la capacité de survie de l'espèce. En effet, si l'homme est issu d'une région relativement chaude et hospitalière, la vallée de l'Omo d'il y a deux millions d'années, il n'a cessé de manifester un comportement d'explorateur et d'innovateur, gagnant progressivement des climats de plus en plus rudes et s'essayant à des conditions de vie de plus en plus difficiles. Vue depuis les origines, la survie des Esquimaux est une extraordinaire performance. Elle manifeste la magnifique capacité d'adaptation technologique de l'espèce.

1. Ce texte a été écrit en 1978 dans *L'Écoute des silences*, 10/18. Depuis, les Inuit ont commencé à reconstituer une nation. En 1993, ils ont fait reconnaître leurs droits sur un territoire immense, le quart du Nord Canadien. Voir aussi, en Australie, les répercussions du jugement Mabo (3 juin 1992) en faveur des droits des aborigènes.

2. Notion due à Robert Jaulin, *La Paix blanche*, 10/18.

Dès lors, il n'est pas surprenant que, parmi les Amérindiens, les aborigènes ou les Inuit, ceux qui ont subi l'ethnocide soient aussi gagnés par l'alcool ou toute autre forme de drogue. L'autodestruction personnelle est alors la manifestation d'une conscience enfouie, qui hurle silencieusement la négation de cette valeur de survie, la perte du sens et du destin.

« Que dire dans notre société, tout encombrée de biens et de services. À chacun correspond un ethnocide partiel, qui se fond dans l'ethnocide général. Le déséquilibre de notre civilisation en est la conséquence. Il engendre à la fois son dynamisme et sa souffrance.

L'introduction des objets se fait de manière « sauvage », sans anticiper leurs conséquences, ni tenter de les maîtriser. Aussi ont-ils proliféré et risquent-ils de transformer l'homme en une larve destructrice. "Ils mangent les enfants de leurs enfants", disent les Indiens, désignant notre imprévoyance. »

Mais rien n'est irréversible. Quand on emmène des jeunes drogués sur un voilier, où chacun s'occupe concrètement pour la survie de tous, alors une relation avec la globalité se reconstruit et le sens revient. L'être humain n'est pas seulement un consommateur, à la recherche d'un confort avachissant. Il aspire aussi — et peut être surtout — à se confronter aux défis de la vie, à manifester sa capacité de survie et son autonomie créatrice face au cosmos.

Le principe d'irréalité, qui gagne irrésistiblement les systèmes dirigeants installés dans le confort, est bien un fonctionnement de drogue : autointoxication (par les fantasmes) et mise en dépendance. La contradiction — le rappel à la réalité — vient alors de la concurrence. Mais le déclin ou l'échec ne déclenchent pas toujours des prises de conscience. Ils peuvent même au contraire renforcer les institutions en place.

Seul le développement d'autres pratiques, inspirées par la recherche de fondements et de sens nouveaux, où se retrouvent l'humain et le vivant dans leur totalité, est de nature à restaurer l'espoir. Que l'exemple de nos prédécesseurs nous inspire ! Ils déclinaient le verbe survivre selon les possibilités de leur époque et de leur technique.

On comprend aussi, à la lumière de l'exemple des Esquimaux et du couteau, la puissance des forces qui stabilisent la technique. Comme l'a observé Bertrand Gille[1], chaque société tend à se construire un système technique en harmonie avec ses pratiques sociales. La nouveauté dérange. Elle perturbe l'ordre établi. Les sociétés sécrètent des sortes de défenses immunitaires contre les innovations, qui neutralisent ou limitent leurs effets. Dans l'histoire de l'espèce humaine, en matière de technique, la règle est la continuité, le changement l'exception.

Compte tenu des souffrances qu'elles engendrent, on peut en effet se demander si les innovations sont souhaitables. Elles déclenchent des ethnocides. Ce sont des « destructions créatrices[2] », qui déstabilisent les sociétés, propulsent dans le néant des pans entiers de la population, suscitent des comportements suicidaires. Ne vaudrait-il pas mieux arrêter d'innover, et rechercher un équilibre stable où chacun trouve son compte ? Sans doute, il y a toujours une majorité pour calmer le jeu, rechercher le confort de tous, le maintien des positions acquises et le respect des valeurs du passé. La création est le fait de minorités, quelques pour cent de la population, qui engendrent d'autres formes.

Mais la technique est imprégnée de la logique du vivant. Vouloir la figer, c'est comme vouloir arrêter le temps, nier le mouvement de la vie, l'évolution des espèces. L'innovation est comme l'accouchement : inévitable, mais plus ou moins douloureux selon la préparation.

1. B. Gille (dir.), *Histoire des techniques*, *op. cit.*

2. Expression due à l'économiste Joseph Schumpeter, par laquelle il désigne l'activité entrepreneuriale, dont le dynamisme est en effet, dans le champ de l'économie, une destruction créatrice.

Le futile précède l'utile

À l'opposé de la vision heideggérienne, l'historien François Caron fait observer que, en matière de technique, « le futile précède l'utile ». L'aviation, l'automobile, la photo, le cinéma ont été des loisirs passionnés avant de devenir des instruments utilitaires. Le cas du vélo est caractéristique. Depuis la draisienne du baron de Drais (1818) jusqu'en 1890, c'était un jeu, un sport. Il y avait le « grand BI », avec son énorme roue avant (et le risque de passer par-dessus en freinant), et la bicyclette à chaîne, ancêtre de la nôtre. On faisait des courses sur l'herbe, à Bagatelle. On emmenait des jeunes filles sur le cadre, et ça se terminait souvent par des futilités dans les buissons. Mais voilà que, vers 1887, Dunlop et Michelin inventent le pneumatique. Alors, le vélo se démocratise. Il devient un instrument de transport de la classe populaire. Il y a, en France, 3 000 vélos en 1890. Il y en aura 6 millions en 1905. Le vélo entre dans la sphère de la production de masse. Le futile a engendré l'utile.

Et l'informatique, direz-vous, née chez les militaires ? Elle réquisitionne les esprits, met la gestion au carré, donne le pouvoir aux robots, évacue ce qui restait encore d'humanité. Pas si vite ! Attention ! C'est à partir du moment où elle a été récupérée par des amateurs (le lancement des premiers Apple en 1979) qu'elle est devenue un outil populaire. Elle a en même temps changé de nature. Le principe de plaisir s'y est introduit : les jeux, les logiciels conviviaux, le graphisme puis la couleur. Et les militaires eux-mêmes planent dans le virtuel avant de faire des dégâts dans le réel. La guerre du Golfe (1991) a expérimenté en vraie grandeur la première vague de dématérialisation de la technique. Peut-être la technique postmoderne est-elle « l'art de réaliser le virtuel » ? Elle est clairement, en tout cas, liée au langage. D'ailleurs, comme l'ont observé les historiens du design [1], la technique est un langage... qui en dit long sur les rapports sociaux.

1. Voir *Design* de Jocelyn de Noblet, Somogy, 1988.

Derrière la question du « futile et de l'utile » se cache un préjugé, une inflexion du regard porté sur la technique. Tout se passe comme si on ne voulait voir que l'utilitaire, l'indispensable, le sérieux, le contraignant, et faire comme si le futile, le jeu, la séduction, la légèreté étaient étrangères à la technique. Et cela malgré l'évidence : il suffit de regarder autour de soi avec un peu de détachement les publicités, les emballages, les comportements d'achat pour être immédiatement convaincu de la futilité de notre civilisation. Mais nos préjugés sont tels que nous ne pouvons admettre que cette futilité est aussi sa grandeur. Elle manifeste la joie de vivre. Ce faisant, elle dit qu'au-delà des contraintes de la survie, l'humain s'offre le luxe d'un espace de liberté, d'une respiration d'amour[1].

La création technique procède du jeu. La vie des créateurs est comme celle d'un enfant qui joue au « lego », fasciné par sa construction, ou encore celle des amateurs de modèles réduits. La réalisation leur demande du travail, mais elle porte en elle-même un principe de plaisir, son véritable moteur.

Innovation et spiritualité

Pour bien comprendre l'innovation, il faut considérer l'économie comme un système cognitif. La production n'est, en fait, qu'un sous-produit. L'essentiel est le savoir-faire, la culture technique et l'intention. Si désormais l'homme crée son environnement, les choses se passent d'abord dans sa tête, avant de s'incarner dans la production. Mais cela n'est déjà plus de l'économie au sens ancien du terme. L'innovation, et l'économie

1. C'est pourquoi l'une des plus pertinentes théories de l'innovation est celle de Francesco Alberoni voir *Genesis*, Ramsay, 1992, dans le prolongement de son étude de l'amour naissant *L'Innamoramento*, traduit sous le titre *Le Choc amoureux : l'amour à l'état naissant*, Ramsay, 1985.

sont suspendues à la vigilance[1] et, plus généralement, au traitement de la connaissance.

Chaque peuple, chaque culture, chaque entreprise, chaque institution a sa manière propre de gérer la connaissance. Dans les pays de religion prophétique, la révélation inspire une parole qui descend vers le monde et le transforme. Dans les pays de méditation (bouddhisme, taoïsme...), l'individu atteint l'illumination en laissant monter vers lui les effluves du monde, en se mettant en harmonie avec le cosmos. Il en résulte que, dans les entreprises occidentales, plus quelqu'un est gradé, plus il parle, dans celles d'Extrême-Orient, plus il est gradé, plus il écoute. Le flux de connaissance est inversé. Il monte de la base vers le sommet en Orient. Il descend d'un sommet supposé omniscient en Occident.

On en trouve le reflet dans la compétition industrielle : le Japon réussit en assimilant collectivement et en adaptant mieux les idées qu'il a captées. Les Occidentaux, au contraire, sont des inventeurs isolés, doués pour la création, moins pour le perfectionnement. Un Français n'est jamais si heureux que lorsqu'il a raison tout seul, situation intolérable, proche de la honte pour un Japonais.

Tout un champ de recherches est à explorer. Il concerne les relations que les différentes civilisations entretiennent avec la nouveauté, ce qu'elles refusent, ce qu'elles acceptent et pourquoi. On peut l'appeler anthropologie de l'innovation. Elle observe aussi bien les grands projets que les détails quotidiens. Tout peut faire sens. Même derrière les réflexes les plus élémentaires, on trouve vite des présupposés philosophiques ou religieux.

Que l'on me permette ici d'exprimer une hypothèse sur la nature profonde des croyances et des religions : l'homme est un animal opportuniste, qui ajuste ses

1. Jean-Marc Oury, *Économie politique de la vigilance*, Calmann-Lévy, 1983.

représentations du monde aux nécessités de sa survie. C'est un primate, venu de la forêt et de la savane. Ses ancêtres avaient une relation avec la nature faite de prédation, de symbiose et de soumission. Le chasseur cueilleur se perçoit comme un élément d'un grand tout. Il doit sa survie à la connaissance d'une nature exubérante qui le domine. Il lit dans le « livre de la jungle », entre en sympathie avec les plantes et les animaux, et s'imprègne de leur esprit. Pour lui, le monde est habité. Son style de croyance est chamanique[1]. Le chaman, « homme de connaissance », sait se mettre en résonance avec toutes les formes de vie. Il se transforme. Il devient l'animal qu'il chasse (ou qu'il craint), capte sa volonté et peut danser son rôle aussi bien que le sien. Il vit une sympathie intime, comme une transe, un voyage de connaissance initiatique. Cela est d'une utilité directe et évidente pour le chasseur, aussi bien en attaque qu'en défense. Car c'est la substance de son mode de survie.

Depuis les débuts de l'agriculture et de l'élevage, il y a environ dix mille ans, nous assistons à un retournement de cette attitude métaphysique. L'homme était créé par la nature. Il devient créateur de nature. D'abord, il l'organise et la discipline (agriculture et élevage), puis il crée des êtres artificiels, par sélections-croisements, puis par manipulation du gène, enfin dans des univers virtuels. On peut regarder les croyances religieuses successives comme des tentatives d'accorder notre représentation du monde avec ces nouvelles et immenses responsabilités, dépassant les mesures de l'ancien monde.

Dans un premier temps, les hommes ont maintenu l'idée d'une puissance tutélaire (le ou les dieux), en la situant non plus dans la nature, mais dans un espace abstrait, inventé pour l'occasion (le Ciel, l'Olympe, les limbes...). Puis ils ont assumé que la divinité (alias le pouvoir créa-

1. Voir Mircéa Éliade, *Le Chamanisme et les techniques archaïques de l'extase*, Payot, 1988, et les écrits de Carlos Castaneda.

teur) est dans l'homme lui-même. Pour cette raison, il doit être protégé, d'où les droits de l'homme.

Il découle de cette évolution une certaine idée de la technique, socle de la survie, dépassant la platitude utilitaire où on la confine souvent. La technique vaut parce qu'elle permet à la création, désormais humaine, de s'exprimer. Alors, les objets valent comme porteurs d'art, les entreprises valent comme porteuses d'innovations. Les autres critères qui servent à les apprécier, tels que les rendements et les profits sont à replacer au rang qui est le leur : celui des coulisses de l'exploit.

Au siècle prochain, toute la nature sera placée sous la responsabilité de l'espèce humaine. Les dernières grandes forêts sauvages seront des espaces protégés. Nous aurons un jardin planétaire, une techno-nature. La domestication tentera aussi de s'étendre à l'homme. Il sera bombardé par des messages plus que persuasifs. On tentera d'occuper son territoire mental par des virtualités. Chacun devra se défendre, consolider son identité, combattre le risque d'éclatement de la personnalité.

Depuis deux siècles, nous avons exploré les terres inconnues, les océans et l'espace, l'infiniment petit et l'infiniment grand. Il ne nous reste plus à explorer que nous mêmes, et c'est là un continent plus grand encore que tous les autres réunis, puisqu'il sert à se les représenter. Ce sera aussi la seule défense disponible contre les agressions psychiques et les tentatives d'occupation du mental. Il faut donc s'attendre à un XXIe siècle non pas religieux (les religions répètent les rituels anciens) mais bien de spiritualité, c'est-à-dire d'exploration des possibilités de l'esprit.

Au-delà des réalisations concrètes, l'innovation touche donc à des zones sensibles de l'âme humaine, et aux présupposés de la connaissance. La technique est de l'imaginaire incarné, l'expression du pouvoir des rêves. La techno-nature se construit d'abord dans les têtes, selon la manière de rêver.

L'essence de la technique : la pro-grammation

Et maintenant, pouvons-nous clarifier l'essence de la technique[1] ? Il me semble que oui. Nous pouvons au moins émettre une hypothèse de travail. Elle tient en un mot : pro-grammation.

La marée informationnelle cause des engorgements. La réponse du nouveau système technique est d'écrire à l'avance, c'est-à-dire étymologiquement de programmer des situations, des réponses, des déroulements. Mon hypothèse de travail est que l'essence de la technique est la pro-grammation.

L'idée dépasse de loin l'informatique. Inscrire à l'avance sur le terrain le cadre où la vie va se manifester est un mouvement général. Ainsi :

- Un programme d'urbanisme structure les initiatives ultérieures. C'est, comme on dit, un cadre de vie.
- Un programme scolaire crée des infrastructures mentales mobilisables par la suite.
- Avec le contrôle des naissances, les familles passent d'une situation de laisser-faire à une programmation de la vie.

Le mouvement par lequel la pro-grammation s'installe est la décision. Cette décision suit un constat : on pourrait faire mieux. Ce constat procède du sentiment que le monde est la proie de confusions, qu'il manque de sens par rapport à ce qu'il pourrait être. On le voit alors comme un brouillon, un premier jet qu'il faut laisser de côté pour reconstruire « proprement », introduire de la clarté.

Ce mouvement est aussi un investissement intellectuel. Au lieu de laisser occuper le temps des humains par

1. Heidegger (voir plus haut), limitait son analyse à la technique « moderne ». Je pars de la technique « postmoderne »(Lyotard), mais l'idée à laquelle je parviens concerne la technique dans son ensemble, quelle que soit son époque.

l'exécution des routines, on préserve et protège leur temps pour réfléchir et élaborer des programmes.

Sans doute, le mot « programmation » risque de susciter des réticences. Il évoque un déroulement prévu jusque dans les détails, s'exécutant selon une mécanique inhumaine et contraignante. L'industrie, à ses débuts, s'est en effet illustrée par de telles machineries dites « tayloriennes », caricaturées dans *Les Temps modernes* de Charlie Chaplin ou *Metropolis* de Fritz Lang. Cette programmation là enferme et étouffe la vie. Elle exprime le *Gestell* de Heidegger. Contrainte pour les uns, fatalité sacrificielle pour les autres, elle ne porte plus aucune joie de vivre et ne laisse plus aucune place à la création.

Mais le terme « programme » est bien plus large. On programme aussi les réjouissances et les exploits. Tous les spectacles artistiques, les concerts, les ballets, les pièces de théâtre sont « programmés ». On pourrait défendre que, dans le monde moderne, la grande fête mondiale de la programmation, ce sont les jeux Olympiques : ils sont organisés selon un déroulement précis, minuté et, en même temps, sont programmés à l'antenne sur les chaînes de télévision. Cette double inscription dans le temps appelle l'attention, la sympathie, la participation du public. Tel jour, à telle heure, il y aura un exploit, auquel les athlètes se sont préparés — ils ont programmé leur entraînement — depuis des années. Cet instant, ils s'en souviendront toute leur vie. Des millions en auront partagé l'émotion.

Le geste d'écrire à l'avance est usuel : pour réussir ses vacances, il vaut mieux les programmer, mais il ne faut pas non plus les enfermer dans un carcan d'obligations. Une bonne programmation est souple. Le geste est profond. Il affirme une maîtrise du temps. Au lieu de se laisser ballotter par les vagues des événements, on tient un cap. Contrairement aux enfermements machinaux d'autrefois, l'art des programmations modernes est de faire place aux instincts, aux intuitions, aux espaces de liberté. Les logiciels deviennent « amis de l'usager » *(user friendly)*, même familiers avec les « langages orientés objet ». Bien plus, ils se mettent au service de la création (tablettes graphiques, conception assistée par ordinateur). En intelligence artificielle, ils passent à la métaprogrammation : des logiciels à faire des logiciels, dits aussi coquilles *(shells)*, d'autres, dits connexionnistes, procèdent par apprentissage et conservent en eux un jardin secret.

Les travaux du Collège international de philosophie [1] ont mis en lumière le rôle pivot de cette technique inventée par les Sumériens : l'écriture. Elle a servi d'abord à prendre acte des transactions, des bornages, des droits de propriété, puis elle a été la mémoire des lois de la cité. Sans écriture, pas de démocratie grecque. Si maintenant, nous essayons de situer ce que veut dire « écrire à l'avance » (programmer), nous voyons bien qu'il s'agit de l'interaction d'un texte et d'un contexte, au sens le plus large. Alors, un gène est un texte, qui déploie ses potentialités dans un milieu, son contexte. La vie est programmation.

Avec la possibilité de modeler la vie, l'homme égale le créateur. Le pouvoir créateur, auquel on s'adressait en regardant au ciel, est redescendu dans l'homme.

Il faut donc prendre le parti de l'innovation. Mais pas de n'importe laquelle : de celle qui libère et manifeste le créateur qui est en nous, et non de celle qui asservit, drogue ou mutile. Au-delà du capitalisme et du socialisme, il faut préparer la société de création par une politique d'innovation.

1. Notamment ceux de Bernard Stiegler.

Préparer la société de création

Douter du pouvoir

Le débat politique de l'ère industrielle s'est enfermé dans un dialogue de sourds entre la « droite » et la « gauche ». L'une et l'autre se sont mobilisées pour « défendre » des « acquis », et non pour aider l'innovation. Ne nous laissons pas entraîner par le tumulte des invectives. Elles sont déjà dépassées. L'affrontement droite-gauche correspond à un moment particulier de l'histoire, marqué par un certain état de la technique : l'industrialisation de masse.

En effet, si la production met l'homme au service de la machine, le contraint à des travaux répétitifs et déqualifiés qui le transforment à son tour en machine — si la compétition exige de lui un rendement toujours accru, force son corps à des performances contre nature — alors l'industrie est une oppression, quels que soient les avantages procurés par ailleurs. L'histoire s'écrit comme un affrontement des oppresseurs et des opprimés, des riches et des pauvres.

Elle s'écrit aussi comme un mouvement dialectique au sens de Hegel. Dans la confrontation du « maître » et de l'« esclave [1] », le second devient dépositaire, puis détenteur du savoir pratique, et la situation se retourne secrètement d'abord, puis visiblement à son avantage. Le pouvoir change de mains, mais que fait le nouveau promu de son nouveau pouvoir ? Il reproduit, inversés, les schémas anciens. Le dialogue de sourds entre le pouvoir et le contre-pouvoir continue. La nouveauté est prévue comme un horizon. Mais rien de solide ne l'établit dans sa nécessité. On espérait la création, la montée de l'esprit. Il n'y a qu'un jeu de bascule, des invectives morbides entre des politiciens tristes.

1. Voir Hegel, *Phénoménologie de l'esprit*, Aubier-Montaigne, 1979.

Or, désormais, le changement est là. Le nouveau système technique s'installe, entraînant dans son sillage une autre société. Né à la fin du XXe siècle, il déroule ses possibles tout au long du XXIe. Tout ne se fera pas du jour au lendemain. Il faut du temps pour construire les infrastructures, et encore plus de temps (une à deux générations) pour que les humains s'habituent aux technologies et tirent parti de leurs immenses possibilités. Au total, le délai de mise en place sera comparable à celui de la révolution industrielle : au moins un siècle. Mais ne sous-estimons pas l'ampleur du changement. Intéressons-nous aux innovateurs. Ce sont les programmeurs de l'avenir.

Avec l'ouverture des pays de l'Est, la crédibilité des économies « planifiées » s'est effondrée. Les critiques à l'égard du capitalisme ne sont pas pour autant abolies. Sans doute, il n'y a plus de force politique pour les divulguer. Cela a été interprété comme une victoire définitive du capitalisme[1] sur le communisme. Si l'*establishment* du business se croit vainqueur et lavé des critiques, il se trompe lourdement. Dans le registre de l'esprit, ce ne sont pas les mouvements d'opinion ou les rapports de force qui font la loi. Ce n'est pas celui qui parle le plus fort qui a raison, ni même celui qui a le micro. Les choses sont vraies ou fausses en elles-mêmes, indépendamment du nombre ou de l'influence des gens qui y croient ou n'y croient pas. Il faut d'abord tirer la leçon des expériences avec honnêteté intellectuelle.

Or, les économies libérales ont été tout aussi incapables de résoudre les injustices et la pauvreté que les économies planifiées. Non seulement la proportion des chômeurs a augmenté (au-delà de 10 % de la population active), mais, en plus, de nouvelles catégories de pauvres sont apparues, encore plus démunies, parmi lesquelles beaucoup de jeunes. Le passage au capitalisme sauvage n'a pas apporté, ni aux pays de l'Est, ni aux pays en développement la résolution de leurs difficultés.

1. Francis Fukuyama, *La Fin de l'histoire et le dernier homme, op. cit.*

Les politiques de « dérégulation » et d'« ajustement structurel » préconisées par les représentants internationaux d'un libéralisme doctrinaire ne font que laisser le champ libre à des confiscations plus ou moins maffieuses.

En plus, confortés par l'échec du communisme, les économistes occidentaux, comme ivres d'être désormais seuls sur le terrain, se sont crus légitimes à enfourcher les idées les plus étroites. Face à la formidable demande de liquidités résultant de l'entrée de centaines de millions d'acteurs nouveaux dans l'économie de marché, ils n'ont rien trouvé de mieux que de préconiser la fermeture du robinet monétaire, paralysant l'investissement et entraînant tout le monde dans la récession.

Il n'y a vraiment pas de quoi être fier. On ne me fera pas croire qu'une société qui offre aux adolescents les perspectives actuelles d'errance et d'exclusion constitue un modèle universel ! Elle a perdu ses racines ; il faut les lui rappeler.

La recherche philosophique, en matière d'économie, a été autrefois marquée par un banquier : John Locke [1], gouverneur de la banque d'Angleterre à la fin du XVIIe siècle. Au moment où Louis XIV se complaisait dans les fastes et la mise en scène, superbe et ridicule, du pouvoir absolu, Locke se demandait comment on pourrait *organiser les sociétés sur un autre principe que celui du pouvoir.*

L'ami de l'innovation est en permanence ramené à cette question : il doute du pouvoir. Pour lui, toute situation dominante est suspecte. Il s'oppose aux confiscations de marchés, de ressources naturelles, de positions sociales, toutes choses qui sont si convoitées. Il ne pense pas pour autant que toute forme de pouvoir doive être abolie. Il sait que les grandes choses ne se font pas sans grandes mobilisations, et que tout navire a besoin de la direction d'un capitaine. Mais il croit que tout, y compris le pouvoir, doit être mis en demeure de

1. Voir la thèse de Claude Roche, *La Connaissance et la loi dans la pensée libérale classique*, Paris X-Nanterre, mars 1991.

prouver son utilité, et qu'il vaut mieux, quand on le peut, se passer de rapports de force. Le principe légitime structurant de la société, dès lors, est transactionnel. Il fait fonctionner, non plus la contrainte, mais le plaisir (d'où « le futile précède l'utile »), non plus l'obligation, mais le consentement, aussi éclairé que possible.

Mais ce n'est pas tout : le rôle de l'Homme est d'assumer son pouvoir créateur. Le seul vrai pouvoir est le pouvoir sur soi-même, géniteur du talent. La création n'est pas seulement un acte isolé, individuel. Elle se déploie à travers des institutions, telles que des entreprises, des associations, des organisations de toute nature. On développe les innovations en créant des institutions nouvelles. Innover est donc un acte instituant, la naissance d'un être nouveau dans le paysage institutionnel. Il se heurte à la résistance de ceux qui sont déjà là, et qui veulent conserver leur territoire. Notre civilisation a gardé la funeste habitude de considérer les institutions comme des êtres intemporels (à l'image des anciennes tribus), destinées à rester identiques à elles-mêmes pour l'éternité.

Les économies capitalistes comme les socialistes ont résisté à l'innovation. Les premières par l'établissement de rapports de force et de confiscation de marchés au profit d'entreprises dominantes ou de chasses gardées corporatistes. Les secondes également par des réflexes d'appropriation, au moyen des mille ruses dont la bureaucratie est capable.

S'il règne, à l'Est comme à l'Ouest, une telle complaisance pour les agissements maffieux, c'est sans doute parce que les acteurs économiques s'y reconnaissent. La phrase célèbre du « parrain » : « Je vais lui faire une offre qu'il ne pourra pas refuser » a été reconnue comme un précepte par les apparatchiks des deux bords. Elle est la bannière anti-innovatrice, le signe de ralliement des créaticides. Essayez donc d'innover, ou même simplement de créer une entreprise en Sicile, dans une région ou une profession contrôlée par la maffia. Vous m'en donnerez des nouvelles ! Dès que vous serez en concurrence avec un membre de la famille, on saura vous persuader de modérer votre audace.

Le combat des innovateurs

Plusieurs rôles différents apparaissent dans le déroulement d'une innovation[1] : l'inventeur, qui apporte l'idée, le protecteur, qui use de son influence pour préserver le projet à ses débuts, l'organisateur, qui déblaie les difficultés concrètes, l'informateur, qui fait circuler les connaissances utiles à la réalisation.

Mais il y a surtout l'entrepreneur, celui qui prend en charge et apporte l'énergie nécessaire pour que ça réussisse. Or, qui sont les entrepreneurs ?

En général, ce sont des personnes « déplacées[2] ». Elles ont vécu une rupture dans leur vie personnelle ou professionnelle, qui leur donne une énorme motivation pour se réinsérer. Et l'aventure entrepreneuriale est une action d'éclat, une preuve concrète indiscutable de la nécessité de leur existence. Ce n'est pas l'argent qui les meut. Les enquêtes montrent qu'ils consentent à gagner moins que s'ils étaient employés ailleurs. C'est la liberté et la réalisation de soi.

Nous vivons les premières conséquences de la transition du système technique. La révolution industrielle avait chassé l'homme de sa terre. La concurrence des robots le chasse de son lieu de travail. Les entreprises se préoccupent partout d'élaguer leur personnel excédentaire. À court terme, on ne voit que souffrance, exclusion, imprévoyance, même si, à plus long terme, on peut se féliciter que les travaux répétitifs et déqualifiés soient repris en charge par des automates. L'Homme retrouvera, mais plus tard, une valorisation de son talent dans le contact humain : la vente, les loisirs, la création, les soins aux personnes âgées et aux enfants... Le mouvement est tellement massif qu'il faut le voir comme une grande vague historique. Les transitions antérieures ont aussi été accompagnées de déplacements non volontaires. À la révolution industrielle, le peuple des campagnes a dû

1. Selon Roberts, du MIT (Boston, États-Unis).
2. Selon les travaux d'Albert Shapero, Ohio State University.

migrer vers les villes, contre son gré. L'expulsion, quelque regret qu'on en ait, est un principe moteur. D'un point de vue psychanalytique, nous commençons tous notre vie par une expulsion du ventre maternel, après quoi il nous faut reconfigurer notre univers perceptif. L'innovation commence aussi par une sorte de « seconde naissance [1] », suivie d'une reconstruction du monde.

Ainsi, l'expulsion engendre à la fois des souffrances et des innovateurs. Comme il faut réinventer d'autres métiers pour échapper à la concurrence des machines, il y a bien une troisième voie : ni le socialisme, ni le capitalisme, la politique d'innovation. Dans la société innovatrice, les organisations sont des êtres vivants mortels. La collectivité aide la naissance et la croissance des nouvelles institutions. Elle aide aussi les anciennes à mourir, notamment en protégeant les droits des individus qui pourraient en souffrir.

L'innovateur est comme étranger, même au milieu des siens. Il voit des choses que les autres ne voient pas, et il ne peut même pas encore les leur faire comprendre. Santos Dumont, pionnier du dirigeable et de l'aviation, le dit, en témoignant de sa jeunesse [2] : « Méditant sur l'exploration du grand océan céleste, moi aussi je créais des aéronefs, j'inventais des machines. Ces imaginations, je les gardais pour moi. À cette époque, au Brésil, parler d'inventer une machine volante, un ballon dirigeable, c'eût été se signaler comme un déséquilibré et un visionnaire. Des aéronautes montant des ballons sphériques étaient considérés comme de hardis professionnels, pas très différents des acrobates ; et que le fils d'un planteur songeât à devenir leur émule, c'eût été presque un pêché social. »

Seule la preuve concrète peut établir la validité de ce que l'innovateur a deviné. Expulsé de son être social, il ressemble à un amant esseulé en quête d'un amour

1. L'idée de seconde naissance est présente dans diverses sources religieuses : en Inde, dans le chamanisme, chez les mystiques...
2. *Dans l'air*, 1903.

perdu. Il refait alors son unité avec le monde en reconstruisant un monde à l'image de sa vision.

Celui qui veut aider l'innovation doit donc avoir le courage de tendre la main à ce qu'il pressent, sans vraiment le comprendre tout à fait, et de défendre des idées hors norme, qui en plus gênent des intérêts établis. La liberté de créer est à ce prix.

Les forces qui s'opposent à l'innovation sont si diverses et puissantes qu'on peut inverser le sens de cette question : l'état « normal » d'une institution ne serait-il pas la stabilité et le refus du changement ? Les organisations subiraient-elles les innovations comme les individus attrapent la grippe ? Face au danger, elles déploieraient alors des résistances immunitaires. Elles manifesteraient pour résister au changement une ingéniosité et une énergie sans commune mesure avec celles qu'elles mobilisent pour le promouvoir.

Cependant, les protections excessives dont s'entourent nos contemporains, leur quête implicite d'un bonheur végétatif, leur avachissement dans le confort sont aussi contre nature. La nature a besoin de nouveauté[1]. Elle joue, elle combat, elle engendre en suivant des processus amoureux. Quand il ne se passe plus rien dans une vie, ce n'est pas le bonheur que l'on trouve, mais l'ennui et la déprime. Notre société a fait, quelque part, un contresens : mais où donc ?

Si les institutions sont des êtres vivants, il faut admettre qu'elles naissent et meurent comme tout ce qui vit. La plupart des résistances au changement sont des réflexes de survie institutionnels, cherchant à défendre l'existant, l'acquis, le déjà là contre une menace, même lointaine et hypothétique.

Imaginez une grande compagnie. Elle a développé une gamme de produits, comprenant chacun des milliers de composants, et embauché des milliers de travailleurs. Un petit concurrent arrive et propose de rendre le même

1. Voir *Genesis*, Francesco Alberoni, *op. cit.*

service avec un objet dix fois plus simple et demandant vingt fois moins de travail pour le fabriquer. Que croyez-vous qu'il se passe ? La grande entreprise va essayer de faire pression sur les fournisseurs, les clients, les banquiers pour qu'ils lui refusent leurs commandes leur soutien et leur crédit. Éventuellement, elle financera des propagandes perfides pour le discréditer. Ce faisant, elle quitte l'économie de marché pour entrer dans l'économie maffieuse. Par réflexe de survie, elle triche avec la règle de loyauté de la concurrence, qui est pourtant l'essence même de l'idée libérale.

Ce réflexe, il faut aussi le décliner à tous les niveaux : un service technique voyant arriver une idée à laquelle il n'avait pas pensé, en provenance d'un nouveau venu, n'ayant ni les diplômes ni le statut autorisant à prendre la parole ; un mouvement politique ou social face à des initiatives de terrain, menées par des inconnus, avec les moyens du bord ; un laboratoire de recherche ayant pignon sur rue, équipé d'un puissant matériel et consommant force subventions voit arriver un jeune impertinent qui, à partir de concepts nouveaux, prétend résoudre le problème sur lequel il s'escrime depuis vingt ans, avec le soutien sans faille des fonds publics...

Chaque fois, l'institution entre en lutte, et en même temps en contradiction avec les principes qui justifient son existence même. L'exemple vient de haut. C'est celui de l'Église au Moyen Âge. Devant l'hérésie, elle a préféré sacrifier des vies humaines (Inquisition, croisade contre les Albigeois), plutôt que de tolérer d'autres approches de la spiritualité. Alors a commencé son lent déclin.

Il est possible de repérer, dès les premières minutes, les attitudes conformistes. Elles sont inavouées, mais perceptibles par un regard exercé. L'homme d'appareil (l'apparatchik) se conduit intérieurement comme s'il portait un uniforme (ou une soutane). Il manifeste son respect pour les pouvoirs institués et les compétences reconnues. Les preuves logiques et les démonstrations factuelles et concrètes l'intéressent moins. Le fait que ça marche est une donnée parmi d'autres. Pour lui, l'important n'est pas la chose, mais ce que l'on pourrait en dire. Les jeux d'influence sont la réalité qui retient son attention et dans laquelle il veut se placer. Il n'est plus tout à fait un être humain. Il incarne l'institution. Il est comme possédé par elle. Il ne peut plus entendre que ce qui vient d'autres institutions, portant de surcroît un label respectable.

Si quelque fait nouveau lui est rapporté par une personne, il regarde d'abord sa carte de visite. Il n'accepte de mémoriser que si elle rappelle un univers connu et respectable. Si deux personnes convenables lui parlent du même fait, ce fait devient possible. Trois, il est vraisemblable. Quatre, il est certain. Aussi l'innovateur avisé fait-il parvenir la même information à la même personne de quatre sources assez différentes pour qu'elle ne puisse détecter l'origine commune.

Cette attitude s'explique par la saturation. L'homme d'appareil, craignant sans doute de ne pas être assez reconnu, habité par un doute existentiel secret, s'est mis instinctivement en situation d'être sollicité. Ayant alors à traiter plus d'informations qu'il ne peut en écluser il cherche des écrans qui lui économisent son temps mental. Et il trouve en réponse des références, des diplômes, des médailles et des titres qui remplacent la réalité de l'être. Plus les dirigeants montent dans la hiérarchie, plus ils saturent, et plus ils se croient obligés de faire semblant, d'où les contre-performances des grandes organisations et la formidable inertie des économies développées.

La résistance à l'innovation s'exerce d'abord comme refus de la preuve, détournement du regard devant les faits nouveaux, surprenants, gênants, contraires aux attentes officielles : le réflexe de l'autruche. Potemkine faisait peindre des décors le long des routes pour que sa souveraine, Catherine II, ne soit pas gênée par le spectacle de la misère. Le couple éternel de la majesté soutenue par l'illusionniste se reproduit à travers les régimes politiques et les modes de gestion. Malgré la compétition, dur rappel à la réalité, les entreprises aussi ont besoin de se raconter des histoires pour garder le moral.

Or, l'innovation commence par un retour aux fondements, un doute salutaire, un refus des « allant de soi [1] » et des lieux communs. Dès le début, elle dérange. En fait, le principal ennemi de l'innovation, c'est la peur et le silence qu'elle engendre.

Sur les ailes de la Raison

La vraie raison n'est pas la « réquisition » de Heidegger, ni un instrument au service de la cupidité. Elle est au contraire ce qui libère, d'abord des vérités toutes faites, telles que les prodiguent les religions, les sectes et les idéologies, ensuite des attachements maladifs, des appropriations et des possessions, au sens des sorciers. Le XXe siècle a fait le premier pas dans cette direction, en introduisant, au moyen de la psychanalyse, la libido dans le champ de la raison discursive. Il a commencé une guérison, qui est encore loin d'être terminée. Mais on entrevoit derrière cette

1. Voir Garfinkel, *Studies in Ethnomethodology*.

mise en rationalité de l'irrationnel un grand basculement des valeurs : l'ancien concept de pouvoir, dissous par les nouvelles communications, laisserait place à un comportement moins pathologique, fondé sur la compréhension et la recherche de la beauté.

Dans ce mouvement, la logique du « pourquoi ? » est complétée par une logique du « pourquoi pas ? ». La connaissance et la création progressent en imaginant des choses qui paraissaient impossibles ou inacceptables. Hélas, ce précieux secret est dissimulé au public. On ne lui montre que des résultats acquis. On lui demande, non pas d'imiter l'indiscipline des créateurs d'autrefois, mais au contraire de vénérer leurs résultats et de se discipliner l'esprit pour mieux les assimiler, telles des osties.

Les mathématiques elles-mêmes, dont l'enseignement est si souvent rébarbatif, ont progressé en créant des êtres incroyables, dans un défi permanent à la raison raisonnante et au discours des institutions. Dans la Grèce antique, les pythagoriciens s'étaient aperçus que racine de deux ne pouvait se réduire à une fraction, bien qu'on puisse trouver des fractions qui l'approchent d'aussi près que l'on veut. Effrayés par cette découverte, ils ont qualifié ce nombre d'« irrationnel », autrement dit échappant à la raison, et conservé secrète cette irrationnalité. Ce qui aurait pu être le point de départ d'une éclosion de nombres nouveaux est resté un secret d'initiés, recouvrant les manœuvres souterraines d'une secte. On n'ose imaginer ce qu'aurait produit ce comportement délétère si les transfinis, les nombres imaginaires, les catégories et l'analyse hypercomplexe, qui sont tous des éclosions récentes d'êtres mathématiques incroyables, comme l'étaient les irrationnels, avaient été capturés de la sorte !

Pour mieux faire comprendre comment laisser parler le « pourquoi pas ? », j'ai complété les quatre principes du *Discours de la méthode* de Descartes par quatre autres, qui forment avec les siens comme un effet miroir.

Méthode analytique (Descartes)	Méthode créatrice (complément à Descartes)
Le premier est de ne recevoir aucune chose pour vraie que je ne la connusse évidemment être telle. C'est-à-dire d'éviter soigneusement la précipitation et la prévention ; et de ne comprendre rien de plus en mes jugements que ce qui se présenterait si clairement et si distinctement en mon esprit que je n'eusse aucune occasion de le mettre en doute.	Le premier est de ne recevoir aucun projet comme impossible que je ne le connusse évidemment être tel. C'est-à-dire d'éviter soigneusement la précipitation et la prévention ; et de ne comprendre rien de plus dans mes objections que ce qui se présenterait si clairement et si distinctement en mon esprit que je n'eusse aucune occasion de le mettre en doute.
Le deuxième de diviser chacune des difficultés que j'examinais en autant de parcelles qu'il se pourrait et qu'il serait requis pour les mieux résoudre.	Le deuxième de réunir les compétences et les motivations d'une diversité et d'une qualité suffisante pour porter le projet jusqu'à sa réalisation.
Le troisième de conduire par ordre mes pensées, en commençant par les objets les plus simples et les plus aisés à connaître pour monter peu à peu, comme par degrés dans la connaissance des plus composés, en supposant même même de l'ordre dans ceux qui ne se précèdent point naturellement les uns les autres.	Le troisième de conduire par ordre le travail re-créateur, en commençant par les propositions les plus variées pour monter peu à peu, comme par degrés, dans l'exigence et la cohérence du projet, en ménageant des épreuves qui le confrontent à la demande extérieure.
Et le dernier de faire partout des dénombrements si entiers et des revues si générales que je fusse assuré de ne rien omettre.	Et le dernier de faire en sorte que s'exerce partout une vigilance si assidue que je fusse assuré du progrès constant de la qualité de l'exécution.

La critique des vérités toutes faites était la spécialité de Descartes, dont la vie mouvementée fut émaillée de joutes de langue et d'épée. Il cherchait à pourfendre les positions d'autorité et visait sans le dire l'Église, qu'il a, de mon point de vue, atteint mortellement dans ses profondeurs. Je vis en un autre siècle, où la science règne. J'ai, pendant des années, accueilli les innovateurs, meurtris par l'incrédulité ambiante, tels des fleurs mourant de soif. Maintenant, ce n'est plus le trop-plein de foi, c'est le vide qui nous mine. Et l'esprit critique, récupéré par des positions conformistes, jette, à partir des institutions et des discours de la science, l'anathème sur les nouveautés. Il faut réapprendre à écouter les silences de l'imaginaire.

Le mouvement créateur est comme une respiration.

Il comprend d'abord des phases de distinction : on classifie, on discerne et distingue avec une finesse accrue ce qui était confondu. Nul ne peut nier la nécessité de ces mises en ordre, ni l'économie de pensée qu'elles permettent. Sans distinction, il n'y a pas de méthode possible. Si elle n'est pas suffisante, l'esprit ne peut s'extraire de la confusion.

Mais il y a aussi des phases de réunion : ce sont les analogies, les métaphores, les idées poétiques, les élans amoureux. Ils vont en sens inverse, mais sont tout aussi indispensables. Ils alimentent la passion, le rêve, le voyage en esprit, donc la création et la vie. L'innovation y trouve sa source.

Les ésotéristes appellent ces deux phases respectivement diaboliques (de *dia* : en deux et *ballein* : jeter) et symboliques (de *sun* : ensemble, et *ballein*). Ils représentent en effet la séparation et la réunion, au sens le plus fort de ces mots, comme un vécu intime du rapport de l'être au monde, qui se distingue et se reconnaît successivement. Ces moments sont bien comme les deux phases d'une respiration. Les anciens disaient « le souffle de l'esprit ». Dans l'inscription de la technonature, il faut s'attendre aussi à ce double mouvement :

des phases de mise en coupe réglée et des phases créatrices, les unes se nourrissant des autres.

L'expérience de Roqueplo

Il y a quelques années, un chercheur, Philippe Roqueplo[1], s'est livré à une expérience fondatrice. Il a réuni dans une même pièce quelques spécialistes des micro-ondes, qui parlaient un langage bien à eux (les klystrons, les gigahertz...) et d'autres spécialistes, inconnus des premiers, et fort loin de leurs préoccupations : des techniciens de la conservation de la viande. Les uns et les autres, issus d'univers différents, n'avaient pas de vocabulaire commun, mis à part celui de la vie de tous les jours (passe-moi le sel...). Le jeu consistait à les obliger à construire un vocabulaire « fonctionnel », autrement dit intelligible de leurs interlocuteurs. Il fallait pour cela un animateur énergique, et Roqueplo l'était. Chacun, en effet, retourne spontanément à son jargon et se sent à l'abri des mots étranges que seuls ses collègues comprennent. Les rappels à l'ordre furent incessants. Il fallait que les électriciens s'expliquent : la micro-onde traverse la glace, mais elle est absorbée par l'eau. Elle agite les molécules de l'intérieur, par résonance, et, ainsi, produit de la chaleur. Les professionnels de la viande aussi, sur les conditions dans lesquelles se conservent les quartiers, et comment elle peut être congelée ou décongelée. Alors, en un après-midi de cet exercice conflictuel, et à la surprise générale, il est sorti une vingtaine d'idées de brevets. La simple mise en communication de deux champs linguistiques qui s'ignoraient était génératrice de création ! Comment n'y avait-on pas pensé plus tôt ! Que de temps et d'énergie économisée si l'on avait su qu'il suffisait de communiquer. Qu'au lieu de se protéger par l'obscurité et la sophistication des mots, telle une tortue qui rentre dans sa carapace, il fallait, surmontant ses craintes, se servir du

1. Ph. Roqueplo, *Penser la technique, op. cit.*

langage pour faire la lumière, rétablir la clarté là où l'ombre régnait. La création technique est aussi un travail sur la communication et la langue, donc un travail culturel.

Les trois composantes d'une politique d'innovation

La politique d'innovation n'est pas une collection de gadgets pour avoir l'air d'innover en politique. C'est l'aménagement des conditions permettant aux innovations de s'exprimer, d'éclore et de transformer la société. Elle a un rapport direct avec les droits de l'homme. Ce n'est pas un hasard si l'innovation et la prospérité économique, sa fille, se sont, depuis deux siècles, manifestées dans les pays où les droits de l'homme étaient, même approximativement, respectés. Car l'innovateur dérange. Il ose faire mieux et moins cher que ceux qui sont déjà sur le marché. Si on peut le tuer dans l'œuf, on ne s'en prive pas. C'est donc seulement là où le citoyen est protégé des abus de pouvoir que l'innovation peut apparaître. Sinon, on ne la voit même pas. Personne n'ose exprimer ses idées. La politique d'innovation est en lutte contre ces conformismes. Elle demande un courage politique et une persévérance dont bien peu sont capables.

Car ce qui est en cause, c'est le pouvoir d'instituer, autrement dit le droit, pour chacun, de créer des organisations nouvelles, en concurrence avec celles qui sont déjà là. Nous entrons dans une époque où l'homme est le dépositaire du pouvoir créateur. Dans le registre technique, il crée la techno-nature. Dans le registre social, il crée des institutions, de toutes tailles et de toutes fonctions. L'organisation du monde est un immense paysage institutionnel. Sans doute, il est dans la nature de toutes les institutions, publiques ou privées, des administrations comme des entreprises, de vouloir perdurer dans leur être. Mais aucune, même la plus sacrée, n'échappe plus désormais au pouvoir de re-création de l'homme.

La politique d'innovation est subversive par essence, bien plus que les mouvements « révolutionnaires » du

XXe siècle. Car elle ne se contente pas de protester, de casser, de terroriser, de prendre le pouvoir. Pour elle, le pouvoir n'est rien en lui-même. Il ne mérite aucun respect particulier. L'innovateur le voit comme une force négative, rigide et acide, empêchant l'éclosion des germes de nouveauté. La seule chose qui compte, c'est la réussite de la création, le déploiement des talents et la réalité de la transformation sociale.

Les rédacteurs des droits de l'homme étaient surtout motivés par la lutte contre la tyrannie, exercée par une caste militaire abusive. C'étaient des politiques qui revendiquaient le droit de faire de la politique. Ils étaient moins concernés par les confiscations économiques. La liberté d'établissement n'a été proclamée que dans la déclaration de 1793, cette même année où était votée la loi Le Chapelier supprimant les corporations. Quant à la loi antitrust américaine, sans laquelle les États-Unis auraient sombré depuis longtemps, elle date de la fin du siècle dernier, en réaction aux abus de Rockefeller, étrangleur des petites entreprises.

Néanmoins, la loi antitrust comme la loi Le Chapelier, ou encore l'Acte unique européen[1] n'établissent pas encore le pouvoir d'instituer comme un des droits fondamentaux de l'homme. Tout se passe comme si les individus avaient le droit d'exister en tant que personnes physiques *(habeas corpus)*, citoyens (le vote), porteurs d'opinion (la liberté d'expression), mais non pas en tant que créateurs d'institutions (entreprises, associations). Sans doute, la liberté de s'associer et d'entreprendre existe, mais elle n'est aucunement protégée contre le grignotage des tracasseries administratives et des entraves corporatistes. En résumé, ils ont le droit de râler, mais pas vraiment celui d'agir, d'où le malaise...

L'approche du phénomène « innovation » est en relation avec l'axe du nouveau système technique (le temps - le

1. Il s'agit, non du traité de Maastricht, mais de l'acte unique antérieur, qui proclame la liberté d'établissement, y compris pour le tertiaire, et la liberté de circulation, par dessus les anciennes entraves techniques.

vivant). Elle fait appel à des disciplines nouvelles, dont la plupart restent encore à développer : l'analyse institutionnelle, l'éthologie, les sciences cognitives... Elle exige en tout cas de quitter les raisonnements mécanistes chers aux sciences « dures ». Ainsi, par exemple, l'économie a fondé ses raisonnements sur des modèles de flux[1]. L'innovation suppose une approche cognitive de l'économie, puisqu'elle traite, non plus des échanges et des circulations de ce qui est déjà connu, mais de l'apparition de ce qui n'est pas encore. Cette approche cognitive n'est pas encore admise. Pour être acceptée, il lui faudra accéder à des grandeurs économiques (les flux d'information et de formation, la diversité, la natalité et la mortalité des produits et services, etc.) que les statisticiens mesurent encore mal, et différemment d'un pays à l'autre.

Le développement d'une idée nouvelle est une vie qui émerge. Elle suit les lois du vivant. On peut employer, pour en parler, un langage biologique : les défenses immunitaires contre la nouveauté, les sites réceptifs où se greffe l'innovation... On peut aussi employer le langage du jardinier : la graine pousse seulement si le germe est solide, et seulement aussi quand le terrain est préparé, quand les mauvaises herbes sont enlevées, quand l'arrosage et l'engrais sont convenablement dosés.

Que ce soit dans les organisations étatiques, non gouvernementales ou dans les entreprises, ou même au niveau du monde entier, établir une politique d'innovation[2] commence par trois questions.

- Où en est le *savoir-faire*, base concrète de la réalisation ? Il faut savoir rechercher, détecter, utiliser les informations pertinentes. Il faut développer la *culture*

1. Les tableaux de Leontief d'une part, les flux monétaires de la macroéconomie keynésienne d'autre part.
2. Pour plus de détails, voir les travaux du *Six Countries Program on Innovation Policies*, publiés chez Pinter (Londres).

technique. Elle est comme le terreau où pousse la plante.

• Où en est la gestion des *relations* avec fournisseurs, vendeurs, bailleurs, concurrents, opérateurs divers qui apparaissent dans la réalisation et risquent à chaque instant d'en entraver le cours ? Il faut réduire les *obstacles* à l'innovation [1]. C'est comme l'enlèvement des mauvaises herbes

• Où en est la présence constante d'une *idée directrice* claire, autrement dit d'un projet, car « il n'y a pas de vents favorables pour qui ne connaît pas son cap ? » Il faut des *programmes*. Ils sont à la fois nourriciers et structurants [2].

Ces trois aspects relèvent d'une logique ternaire [3] d'utilisation très générale [4], qui trouvera ses fondements conceptuels dans les sciences cognitives, lorsque celles-ci auront mûri. La politique suivie par les pays qui réussissent actuellement leur développement — Corée, Taïwan, Singapour, Malaisie... — s'inspire instinctivement de ces principes, sans nécessairement les formuler. Ils ont une éducation musclée, orientée vers les techniques modernes, une liberté économique — on peut y créer une entreprise nouvelle en moins d'une heure, et la sécurité des capitaux est assurée, y compris pour les étrangers —, enfin, des grands programmes d'investissement.

Toutefois, ils sont dans l'immédiat plus à même d'attirer les technologies étrangères que d'en inventer de nouvelles. Ce sera la phase suivante de leur développement,

1. En France, le document le plus significatif en la matière est le *Rapport Rueff-Armand*, 1960, Imprimerie nationale.

2. Non seulement par effet keynésien, mais surtout par apprentissage, voir Lebeau et Cohendet, *Choix stratégiques et grands programmes civils*, CPE-Economica.

3. Celle-là même qu'a observée Dumézil : les trois fonctions de la divinité dans les civilisations indo-européennes. N'oublions pas que l'innovation est l'expression du pouvoir créateur (divin) redescendu dans l'homme.

4. On retrouve ces trois aspects dans la vie quotidienne. Pour fixer les idées, imaginez un déménagement dans un nouveau logement à équiper.

quand leur politique éducative aura produit ses effets et pour autant qu'ils sachent éviter la confiscation de territoires économiques par des corporations, des monopoles, ou des groupes d'intérêt locaux.

Ce n'est pas un hasard si, depuis deux siècles, l'innovation et la prospérité économique, sa fille, ont éclos dans les régions du monde où les droits de l'homme étaient, même approximativement respectés. L'innovation dérange. Si rien ne protège la nouveauté quand elle est encore fragile, elle ne verra pas le jour. La condition de son émergence est la présence de règles protégeant les faibles contre les puissants.

Dans les entreprises créatrices (on cite souvent l'exemple de 3M), il y a un début de séparation des pouvoirs. Un exécutif bien entendu, mais aussi une sorte de législation, autrement dit des règles qui énoncent clairement les conditions d'exercice du droit d'innover, et un embryon de judiciaire (par exemple une société de capital-risque interne) qui accepte ou refuse les projets nouveaux.

Dans une organisation plus vaste aussi, un État ou un groupe d'États, on ne peut pas faire l'économie de la séparation des pouvoirs. Celle-ci est induite par le nouveau système technique. Les pouvoirs centralisés ne peuvent résister à la marée d'informations. Ils saturent. L'engorgement au centre et la paralysie aux extrémités minent leur efficacité. Ils sont contre-sélectionnés par la concurrence. À leur place, s'installent des organisations « à intelligence répartie ».

La séparation des trois pouvoirs, que Montesquieu avait étayée empiriquement, peut être fondée en termes de sciences cognitives. Chacun des pouvoirs, en effet, s'identifie par un fonctionnement cognitif différent : L'information est descendante pour l'exécutif, montante pour le judiciaire, délibérative pour le législatif, dont le rôle est d'instituer les règles de comportement des deux autres. Ces trois spécialisations se professionnalisent. Elles ne peuvent plus s'accommoder de l'amateurisme du politique à l'ancienne. Leur différenciation ressemble à celle des neurones dans un cerveau. Les organisations, au siècle prochain, deviennent neuromimétiques. Leurs performances dépendent de la façon dont la connaissance est acquise, gérée et traduite en décisions.

Il s'agit ici non seulement du savoir scientifique ou technique, mais surtout des connaissances élémentaires qui font le quotidien : le flux des produits, les réactions des clients, les pannes et les défauts à corriger... Ces connaissances-là définissent un principe de réalité, sur lequel peuvent être fondées des organisations.

La politique d'innovation ne consiste pas à faciliter l'action des innovateurs, quels qu'ils soient. Tout n'est pas bon dans la nouveauté. Les drogues, ou plus généralement les trop nombreux produits qui fonctionnent socialement comme des drogues, combinant accoutumance et destruction, sont des innovations nocives. La politique doit en tenir compte. Elle consiste aussi à canaliser l'énergie innovatrice dans des directions socialement utiles et désirables, par exemple en lançant des concours d'idées, en organisant des recherches, en faisant des expériences. Elle doit prendre en compte les finalités d'intérêt général, telles que la sauvegarde de l'environnement, la protection du consommateur, la santé publique, la qualité de la vie, la réduction des inégalités dans le monde.

Douze programmes pour le siècle prochain

La classe dirigeante n'est pas encore assez inquiète pour changer de stratégie. Sans doute, elle voit s'accroître l'exclusion et l'insécurité urbaine. Mais elle croit encore pouvoir y répondre par la défensive. Elle ne se résoudra aux projets constructifs qu'une fois épuisées les ressources du maintien de l'ordre. D'après nos estimations, ce passage à la société d'enseignement et de grands travaux se situerait entre 2010 et 2020.

Dès maintenant, le besoin d'une relance économique par des programmes civils, pacifiques et généreux apparaît de plus en plus clairement. Au lieu de laisser s'accumuler des millions de chômeurs sans espoir, il faudra redonner sens au travail et trouver moyen d'employer les talents de tous à construire un monde nouveau et meilleur pour nos enfants. Des voix[1] s'élèvent déjà pour proposer des audaces comparables à celles des années 60 où l'on osait proclamer : « Avant dix ans, nous aurons mis le pied sur la lune. » Mais les projets technologiques ne suffisent pas. Le monde a besoin de plus d'humanité.

En proposant des programmes, est-ce que nous n'entrons pas en contradiction avec l'innovation, qui procède de la micro-initiative, avec l'école de pensée, vivace et estimable, qui défend que *« small is beautiful*[2] *»*, confirmée par le scénario de décentralisation que nous avons décrit comme conséquence du maillage des communications ? Après une époque où des ingénieurs mégalomanes ne savaient plus compter qu'en milliards de dollars, et construisaient des « cathédrales industrielles dans le

1. *Macro-engineering*, Frank Davidson et Lawrence Meador du MIT, Ellis Horwood. Voir aussi les huit programmes d'infrastructures proposés par Nakajima dès 1978 (*Look Japan* du 10 avril).
2. Schumacher, « *Small is beautiful* ».

désert », dont deux sur trois ne marchent déjà plus, nous avons connu l'opposé, le culte du dénuement et de l'autonomie, tel que l'avaient exprimé les disciples de Gandhi avec leur rouet à pédale et les militants écologistes européens, en développant des éoliennes en peau de bique pour le tiers monde. Il y a des modes, dans la technologie comme ailleurs. Elles manifestent seulement l'hésitation de notre jugement. La question de la technique ne se laisse pas enfermer dans des préjugés. Elle touche à l'Être même, qui défie la maîtrise de l'homme.

A mon avis, il n'y a pas contradiction. Le choix n'est pas entre le petit et le grand. L'idée de programmation est fractale. Elle exprime une attitude commune, quelle que soit la taille du projet. Les plus grandes choses se font dans de petits groupes. Demain, ce sera encore plus le cas, parce qu'il ne sera plus aussi nécessaire de mobiliser des gros bataillons d'exécutants. Ce qui est répétitif et machinal sera repris en charge par des machines.

Il ne s'agit donc pas de proposer des programmes comme fuite en avant dans la technologie, destinée à effacer ou à faire oublier les vraies difficultés que connaissent les gens dans leur vie quotidienne. Les moyens modernes de mesure, de prévision et de communication rendent possible l'évaluation des impacts et le dialogue social là où l'on tranchait autrefois par la force, le secret ou la surprise. Les dégâts écologiques de certaines grandes réalisations (mer d'Aral, barrage d'Assouan...) montrent bien les risques du délire technocratique. Faut-il pour autant renoncer aux projets ? Certes non ! Chaque époque a eu les siens : l'Antiquité ses pyramides, le Moyen Âge ses cathédrales, la royauté ses palais... Ils s'expriment à tous niveaux, depuis celui de l'individu jusqu'à celui de l'espèce.

L'expérience montre que les ouvertures de financement fonctionnent par tout ou rien. Soit on oppose un refus crispé à la dépense, soit au contraire on ouvre les vannes sans retenue, pour mettre sans délai des masses d'argent énormes sur des sujets devenus soudain urgents. Dans ce cas, si rien n'est prêt, les politiques risquent fort de se laisser emporter par des mirages et de financer des projets mal étudiés pour avoir l'air de faire quelque chose.

Or, il y a une logique des infrastructures, qui n'est ni celle du marché, ni celle des constructions de prestige, comme les châteaux d'autrefois. C'est la logique de l'utilité publique, qui consiste à procurer les services publics nécessaires, dans des conditions de disponibilité convenables, au meilleur coût pour la collectivité. Cette logique vaut au niveau municipal, pour les transports en commun et les autres services de proximité. Elle vaut aussi bien au niveau mondial, pour la protection des baleines, des lémuriens, des ours, des perroquets, et autres espèces menacées, pour la météo par satellite, ou la normalisation des produits industriels.

Actuellement, en 1993, les hommes de bonne volonté ont devant eux une quinzaine d'années pour préparer les programmes du siècle prochain. Il est important d'y travailler dès maintenant, car la conception d'infrastructures de qualité demande du temps, à la fois en ingéniérie et en négociation. Sans doute, l'informatique permet d'aller plus vite et d'étudier davantage de variantes. Une fois mis en mémoire, un projet de construction dans son site naturel est un univers virtuel où l'on peut se promener en image. Il devient présentable à l'usager avant d'être réalisé. Il reste alors à en délibérer, à faire émerger une volonté collective.

Si nous prenons le temps, nous avons donc les moyens d'étudier et de discuter nos programmes soigneusement dans toutes leurs conséquences, et de les intégrer dans un processus plus social et démocratique. L'imaginaire doit précéder le réel, non le suivre. Il faut dès maintenant travailler aux infrastructures du siècle prochain, pour qu'elles aient été préparées au moment où la classe dirigeante changera de stratégie. Voici donc l'esquisse de douze programmes.

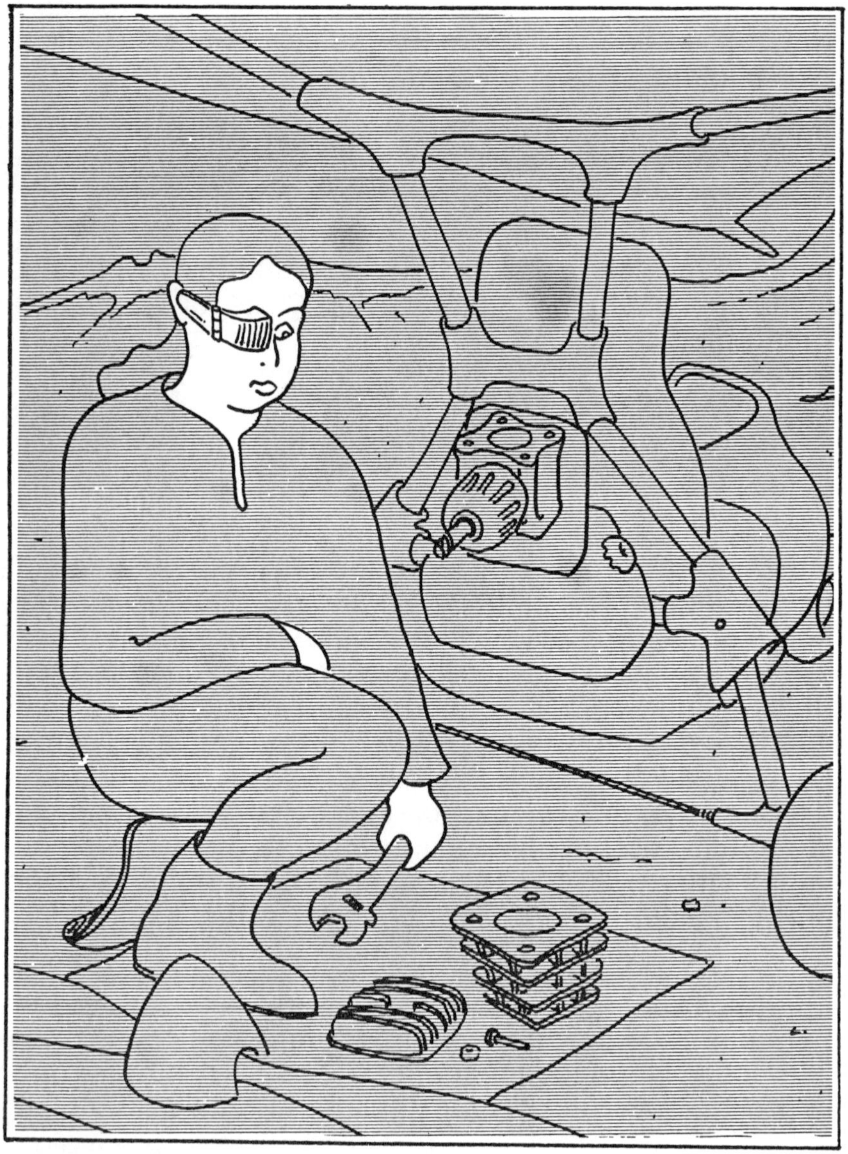

1. Culture technique :

Ces appareils d'enseignement sont des systèmes personnels d'assistance technique au quotidien. Ils permettent de travailler en « double vision » superposant l'explication simulée au cas réel.

Culture technique

Les systèmes éducatifs, construits initialement pour enseigner, en sont arrivés à sélectionner puis exclure. Au lieu de diffuser des connaissances utiles à tous, ils ont favorisé la constitution de savoirs ésotériques, confisqués par des élites. Or, tous les humains doivent pouvoir accéder à la maîtrise des techniques nouvelles et progresser librement dans la voie de la connaissance. À long terme, la prospérité est la fille de l'éducation de la base, et non du savoir des élites. Il faut une culture technique pour tous, comprenant la diététique, l'hygiène, la contraception, le bricolage, l'informatique... Il faut que les médias enseignent des savoirs directement utiles. Par exemple, comment on peut réparer et entretenir les objets quotidiens (vêtements, plomberie, maçonnerie, menuiserie, électricité, électronique...), comment survivre dans des conditions difficiles (en mer, en forêt, dans les glaces, dans le désert, dans la pauvreté...). Le langage des spécialistes ne doit plus être un moyen sournois et pervers de ségrégation. Il faut aussi éliminer l'illettrisme, principal moyen d'exclusion.

Les systèmes d'éducation de masse ont été construits en Europe pendant la seconde moitié du siècle dernier, dans une concentration urbaine de pauvreté et d'insalubrité. Ils résultent d'un constat humaniste, inspiré des idées généreuses du siècle des Lumières, mais aussi d'un réflexe de peur de la classe dirigeante, motivé par l'insécurité civile et le sentiment confus d'une chute dans le chaos. Depuis, l'organisation européenne de l'enseignement s'est répandue dans le monde entier. Ses institutions ont été imitées, et elles ont vieilli. Ce vieillissement est comme une ossification, accompagnée d'un décollement du savoir. Les connaissances directement utiles sont abordées à la suite de détours de plus en plus longs, quand elles le sont, et par des voies de plus en plus obscures et sophistiquées.

De la sorte, l'école, telle une séductrice, fait attendre. Elle valorise les rares promesses de résultats concrets par la longueur du cheminement et la difficulté des épreuves qu'elle impose pour les atteindre. Alors, beaucoup de prétendants se découragent en route, ce qui lui permet de se faire valoir encore plus, en prouvant qu'elle ne réserve ses charmes qu'aux meilleurs. Dans ses efforts pour élever son statut, elle se rend de plus en plus inaccessible et, au lieu d'initier, détourne et rabaisse. Il en résulte que l'essentiel, l'intention éducatrice initiale, le sens de la mission sont perdus de vue. Le contenu pédagogique est, par rapport à la vie, comme en lévitation dans le formalisme et l'irréalité.

Par rapport aux enjeux de survie de l'espèce, l'école mutile. Dans le meilleur des cas, elle produit des spécialistes capables de s'intégrer dans des grandes structures qui d'ailleurs n'en veulent plus. Elle n'a pas suivi le mouvement général d'artisanalisation de l'économie, dont les acteurs sont des hommes-orchestres, maîtrisant un talent, et non des bêtes à concours. Elle omet le quotidien. Où apprend-on les techniques de survie en milieu difficile ? Croit-on demain pouvoir faire habiter des cités marines ou des planètes creuses par des illettrés de la technologie ?

À la fin du XXe siècle, aucun pays au monde n'est satisfait de son système d'enseignement. Inutile de chercher des coupables. Il s'agit d'un vieillissement général qui atteint toutes les sociétés. Les frustrations s'accumulent de toutes parts. Les formalismes dogmatiques aussi, comme aux temps médiévaux. Dans les pays en développement, et ailleurs aussi, se constitue une classe de lettrés, les « effendis »[1] qui, ayant réussi à passer à travers ces jeux pervers, se payent en exerçant un pouvoir formaliste. La nouvelle société de cour ne se construit plus autour de la personne d'un prince, mais dans les froufrous d'un discours bureaucratique, sorte de tourbillon de mondanités tristes.

Le début du siècle prochain verra se reproduire, à l'échelle mondiale, la situation critique de pauvreté et

1. Yves Lecerf et Édouard Parker, *Les Dictatures d'intelligentsias*, PUF, 1987.

d'exclusion de l'Europe au siècle dernier. L'urbanisation massive est maintenant planétaire. Elle traîne son cortège de déracinements, d'errances et de délinquances. La même nécessité de remettre à niveau la culture technique du peuple tout entier réapparaîtra et, par la même voie, la peur de la classe dirigeante, menacée par l'insécurité, l'insalubrité et les maffias. Mais les moyens techniques seront différents. Dans une société où l'information foisonne et se multiplie, il ne s'agit plus d'assimiler ou d'accumuler du savoir, mais d'apprendre à naviguer dans le savoir. L'univers des connaissances est devenu vaste comme une mer. Or, à tenter de boire la mer, on ne peut que s'étouffer. Il faut changer de stratégie, se perfectionner dans l'art du balisage et de la navigation. De la sorte, on entreprend une démarche volontaire, donnant accès aux informations, sans pour autant encombrer l'esprit d'éléments parasites. C'est indispensable, car demain la santé de chacun sera suspendue à sa capacité à tenir à distance les perceptions polluantes.

D'autre part, dans un jeu d'attaque et de défense, les nouveaux venus tenteront de percer des connaissances protégées par des codes et chercheront à pénétrer l'impénétrable. Le désir de vivre partout, la reconquête à partir des villes vers les espaces du froid, du chaud, de la jungle et des tempêtes, demanderont d'autres connaissances. Il faudra réactualiser le savoir pratique, au point d'être capable de survivre dans les conditions extrêmes. Enfin, le siècle du féminin aura commencé, et avec lui la régulation des naissances, la recherche d'harmonie avec la nature, l'attention aux rythmes biologiques et l'aménagement de l'environnement. Dès lors, l'enseignement ne sera plus au seul service de la production. Il devra apprendre à vivre et à construire, en donnant à chacun les moyens de la maîtrise de son environnement immédiat.

Le programme « culture technique » consiste à restaurer la fonction initiatrice et libératrice de l'enseignement, par la voie du savoir-faire, comme dans le meilleur de la tradition compagnonnique. En fait, il s'agit de retrouver un principe de réalité. Les machines à enseigner auront au siècle prochain un potentiel immense. Elles permettront la mesure des acquis et l'évaluation continue des connaissances et des savoir-faire. Elles entraîneront les enfants dans des univers virtuels, appelleront au jeu, au vertige et au plaisir. Les mornes leçons d'autrefois seront délaissées. La mortification et le sacrifice n'auront plus de raison d'être. Mais quel danger supplémentaire de sauter dans l'irréalité ! La culture technique, justement, veut être l'antidote des paradis artificiels et de toutes les drogues de l'esprit, le rappel aux réalités quotidiennes, sans pour autant repousser l'apport extraordinaire des nouveaux outils. Bien au contraire, elle utilise la puissance d'enseignement des univers virtuels, mais au service des vrais besoins de l'homme et de la nature, en commençant par les plus urgents. Elle ne cherche pas à inculquer des savoirs, mais vise au contraire à apprendre aux individus à penser par eux-mêmes, à se libérer par leurs propres moyens de toutes les formes de suggestion, de toutes les tentatives d'occupation du mental si présentes dans le monde moderne.

Un programme d'enseignement planétaire ne se définit pas par des ajustements à l'économique. Il doit d'abord être fondé en rapport avec la survie. Nous sommes un primate « néoténique », autrement dit nous conservons plus longtemps la plasticité des enfants et leur faculté d'apprendre. Dans le comportement humain, il y a plus d'acquis et moins d'inné que chez les autres singes. Il en résulte que l'éducation est un définisseur de civilisation. La société européenne du XXe siècle a été définie par l'éducation mise en place pendant la seconde moitié du XIXe. Ses qualités (savoir lire, écrire et compter) ont produit de grands effets, ses défauts (une lecture tribale de l'histoire privilégiant les conflits entre États nations) aussi. Si l'on veut penser aux contenus des enseignements du prochain siècle, il faut donc les placer dans la perspective de la survie de l'espèce.

Posons la question au quotidien. Chacun a besoin de connaître le fonctionnement de son propre corps, et de pouvoir intervenir volontairement sur lui. La contraception est un sujet d'enseignement qui concerne toute l'humanité. La prévention des maladies infectieuses aussi, que ce soit par la vaccination ou par d'autres moyens. La diététique également, surtout en milieu urbain, où l'industrialisation trompe les instincts, donnant aux aliments des saveurs sans rapport avec leurs propriétés nutritives. Pour reconstruire le contenu pédagogique, on peut cheminer par cercles concentriques, en commençant par l'individu, son corps, son âme et son esprit, puis en élargissant à son environnement immédiat, la construction et l'aménagement de sa maison. Dans les quartiers pauvres des grandes villes, comme le montre l'expérience de Fortaleza[1] (Brésil), apprendre à construire par soi-même, c'est aussi retrouver un peu de sa dignité, sortir du monde des exclus, redevenir capable de maîtriser une part de son destin. Ici la culture technique donne directement accès à un statut minimal. Elle trouve son expression la plus juste, permettre à tous les hommes, et d'abord aux plus démunis, de progresser dans la maîtrise de leur environnement. En se prenant en main, l'être humain rejoint la collectivité des créateurs, sort de la situation de totale soumission et d'inexistence sociale où il se trouvait. S'il n'utilise pas ce moyen-là pour en sortir, il fera appel à d'autres, tels que la délinquance. Dans toutes les classes sociales, il est utile, et même nécessaire à un bon équilibre personnel de savoir fabriquer ses meubles et refaire la peinture de son habitation. Cela concerne particulièrement les classes aisées, guettées par le principe d'irréalité. En continuant ce mouvement de définition du contenu par cercles concentriques, de l'intérieur vers l'extérieur, vient l'enseignement des relations sociales, de la ville, de la nature... laquelle renvoie à sa propre nature, à la définition de l'être et du destin, de telle sorte que, par apprentissages successifs, l'étudiant conquiert des degrés supplémentaires d'autonomie et devient progressivement un citoyen de la planète.

Les ethnies en voie de disparition étaient considérées comme culturellement inférieures. L'éducation visait à les intégrer dans le mouvement mondial du « progrès ». Elles vont devenir au contraire des références. Chacune est dépositaire d'un art de survivre. En se maintenant dans des conditions difficiles, et en équilibre avec le milieu, elles

1. Pilotée par le GRET (Yves Cabannes).

prouvent les capacités de l'espèce. Leur savoir-faire sera reconnu et enseigné. Déjà, les plantes médicinales traditionnelles sont regardées avec intérêt par nos pharmaciens. Demain, on construira des ethno-enseignements, qui seront aussi des entraînements complets au mode de vie des Touaregs, des Masaï, des Pygmées, des Lapons et des Papous, et des exégèses de la langue des Aymaras[1].

Mais comment est-il possible de proposer un programme spécifique de « culture technique » alors que de puissantes institutions internationales, telles que l'UNESCO, ont précisément pour mission d'éduquer la planète en vue d'éradiquer la pauvreté et de préserver le patrimoine culturel. Il ne s'agit aucunement pour nous de sous-estimer les résultats obtenus, ni de minimiser les efforts de ces organisations. Mais il faut aussi dire qu'elles ont été créées à une certaine époque, selon une certaine idéologie, et avec certains fonctionnements.

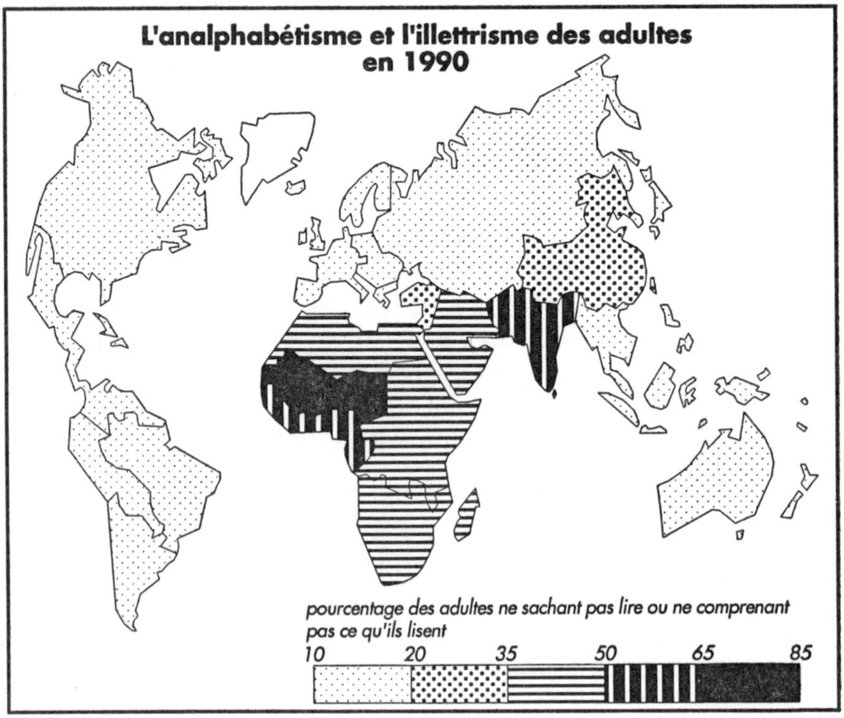

1. Qui présente une logique ternaire particulièrement significative.

Depuis, la situation a évolué. Ce qui valait surtout comme préoccupation humaniste devient maintenant une affaire d'urgence. Ce qui était circonscrit au tiers monde s'étend désormais aux pays développés, atteints par les ravages de la nouvelle pauvreté. Seuls les milieux de l'enseignement et de la culture se sentaient concernés. C'est maintenant toute la société, y compris les milieux « économiques », qui doit faire face à une situation de plus en plus dangereuse, due à l'exclusion et à l'irréalité. Il en résulte que les ressources mobilisables vont devenir d'un tout autre ordre de grandeur. On pouvait se contenter d'un fonctionnement parlementaire entre États nations. Il va falloir changer de vitesse et engager des moyens d'une tout autre efficacité. La technologie des univers virtuels, jusqu'à présent surtout développée par les militaires, va devoir se mettre au service de l'éducation. Les sciences cognitives aussi, et cela dans l'esprit des grands programmes, c'est-à-dire avec des objectifs clairs, des échéanciers et des logistiques efficaces et la possibilité de surmonter, pour des nécessités d'intérêt public, les réticences éventuelles des autorités locales.

Par exemple, on sait que les « hypertextes » pourraient être utilisés à faire des machines d'enseignement, capables d'initier aux technologies toutes sortes de populations, jusqu'aux illettrés[1]. Encore faut-il que soit effectué l'énorme investissement intellectuel que représente la construction des univers de connaissances correspondants où seront immergés les sujets, avec tous leurs cheminements possibles. Aucun système éducatif n'est actuellement en mesure de le faire. Tous sont pris par leur fonctionnement courant, occupés à gérer d'énormes collectivités d'enseignants, et hors d'état de dégager les moyens intellectuels et financiers de grands investissements sur le contenu. Et si jamais une telle

1. À cet égard, je ferai observer que, dans une perspective mondialiste, nous sommes tous illettrés, à commencer par les plus cultivés des Occidentaux qui ne savent lire ni les idéogrammes, ni les kanas japonais, ni les alphabets indiens, tibétain, arabe, cyrillique etc.

innovation devenait soudain disponible, sans doute auraient-ils plutôt tendance à y résister. C'est pourquoi le programme « culture technique » devra trouver des soutiens, non seulement chez les enseignants dissidents, mais aussi hors du cercle des enseignants. Par exemple, chez les fabricants de jeux, ou chez les militaires, qui ont à la fois travaillé les univers virtuels et la transmission rapide et efficace de savoirs pratiques.

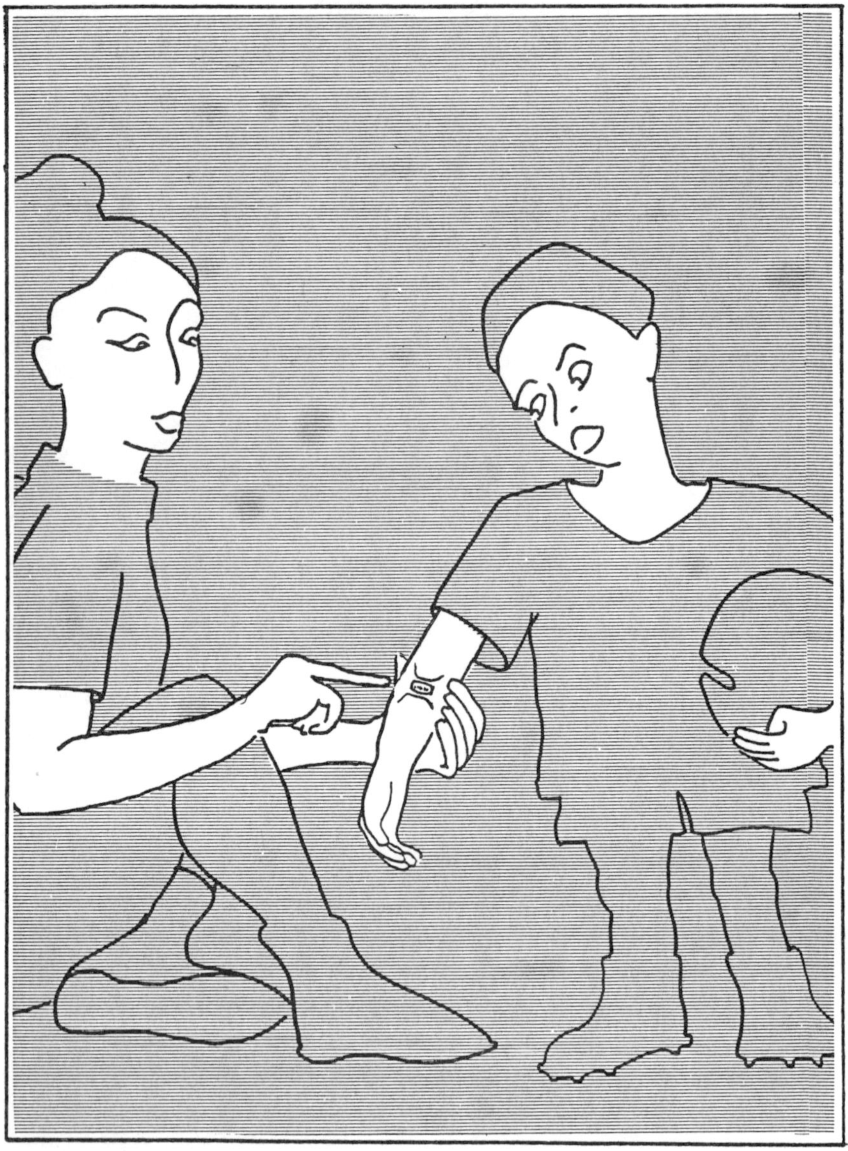

2. Métrologie du quotidien :

Implantés sur l'épiderme, des patchs permettent l'enregistrement continu et le diagnostic d'alerte. La « pharmatique » portable s'adapte aux besoins : alerte en cas d'accident ; suivi de la forme physique ; enseignements du corps aux enfants...

Métrologie du quotidien

Chacun doit pouvoir évaluer, dans la vie quotidienne, l'état de sa santé et de son environnement. La métrologie vient aider la connaissance de soi et de la nature, en lui fournissant des repères et des moyens de vérification. Il faut les instruments adéquats et portables pour mesurer la qualité de l'eau, de l'air, des aliments, l'état de son corps (auto-analyses), celle aussi des plantes et des animaux. De la sorte, la responsabilité de la vie sera répartie entre tous, chacun étant le gardien de son jardin et de lui-même. A plus grande échelle, il faut des réseaux mondiaux d'analyse, d'essais et de métrologie industrielle, de télé-surveillance de l'environnement par satellite, dont les résultats soient accessibles à tous. Il faut aussi établir un droit de chacun à l'information sur ce qu'il mange, ce qu'il respire, et tous les produits qu'on lui vend, et aussi à l'information sur l'information.

La mesure est la base de la science. À chaque grand progrès de la connaissance correspond une nouvelle génération d'instruments de mesure. Le microscope avait, il y a deux siècles, ouvert le spectacle des êtres unicellulaires, d'où la microbiologie pastorienne. Les grands accélérateurs de particules, au XXe siècle, plus énergétiques, permettent de « voir » jusqu'en deçà de la dimension des molécules. Leurs résultats sont à l'origine d'une reconfiguration complète de la théorie de la matière, avec la « découverte » des mésons et des quarks. Soudain, les briques de l'univers, que l'on croyait tenir avec le noyau atomique, ses protons et ses neutrons, changent d'ordre de grandeur. Pourquoi ? parce que l'on peut aller regarder plus finement dans la matière. Partout, il en est de même. Le passage de la microbiologie (Pasteur et ses microbes) à la biotechnologie est aussi un changement d'ordre de grandeur, rendu possible parce que les instruments de mesure ont pu voir — et intervenir — à un niveau plus fin, celui de la molécule organique, et non plus celui de la cellule. En médecine, l'échographie qui rend visible le développement du fœtus dans le ventre de sa mère, le scanner qui donne des images colorées de l'intérieur de tout le corps humain font franchir des sauts qualitatifs dans la sûreté du diagnostic comme dans la précision de l'intervention. La mesure du climat par les satellites météo font progresser directement la sécurité des voyages et la gestion des agriculteurs.

La science s'est surtout occupée de perfectionner les instruments des scientifiques. Restent ceux du public... L'introduction d'une mesure modifie le comportement, par un effet *weight watchers*. Elle positionne la vigilance et induit un maintien. Le seul fait de mesurer son poids tous les jours — et d'en parler avec ses collègues — attire l'attention, fait passer dans le registre conscient des gestes inconscients, et, dans l'ensemble, aboutit à un meilleur contrôle de son propre poids. De même, la mise en place de mesures de pollution, même dans des zones peu éduquées, crée une vigilance et engendre des efforts collectifs réduisant effectivement les dégâts causés à la nature. Le constat en a été fait dans certains pays d'Afrique. Dans l'industrie, le repérage de tel indicateur de performance — un rendement, un taux de défaillance... — transforme les comportements et suscite, comme par enchantement, un mouvement pour l'améliorer.

Dans ce sens, on peut dire que l'esprit scientifique est porté par le fonctionnement social de la mesure. Or, la science ne saurait se limiter à ce qui se fait dans les laboratoires. Sa nature profonde n'est pas d'être confisquée par la corporation des chercheurs. Elle est d'imprégner le fonctionnement de la connaissance dans toute la société, d'aider tous les humains à mieux se connaître, à connaître le monde, à sortir de l'état de superstition et d'obscurantisme où se trouve encore une grande partie de l'humanité. Ce n'est pas en répétant ce que dit la science qu'on sort de l'ignorance. On ne fait que transférer la crédulité autrefois dévolue à la religion sur une autre cléricature : la blouse blanche au lieu de la soutane ! C'est en pratiquant par soi-même le mouvement d'objectivation du savoir qui fonde la démarche scientifique. C'est donc en mesurant au quotidien les éléments qui nous entourent, l'état de notre corps, tout ce qui nous concerne directement et sur quoi notre volonté particulière peut trouver à s'exercer. Or, que savons-nous de l'air que nous respirons, de l'eau que nous buvons, des graisses, des sucres et des alcools que nous ingérons, de l'effet sur notre mental des spectacles que nous regardons ? Bien peu de choses en vérité. Nous n'en sommes avertis qu'en cas de catastrophe et laissons pour l'essentiel nos pulsions agir, vulnérables à tous les leurres qu'inventent les marchands. Tant de consommations fonctionnent comme des drogues, les dépendances ont pris une telle ampleur que nous avons du mal à nous avouer notre vulnérabilité !

La connaissance du corps a fait l'objet d'une tentative de confiscation par le corps médical. Longtemps, le malade ne disposa que du thermomètre et de la balance, deux instruments de mesure. On commence à voir arriver sur le marché des instruments d'autodiagnostic et des publications apprenant au public à se soigner par lui-même. Demain, peut-être pourrons-nous suivre en temps réel l'évolution de la température de tout le corps, avec ses endroits chauds et ses endroits froids, par la thermographie. Et aussi la composition de notre sang, ce qui nous permettrait de connaître les effets des différents aliments ; peut-être pourrons-nous aller jusqu'à mesurer les sécrétions d'endorphines dans notre cerveau et avoir, par ce moyen, un retour d'information précis sur l'état de nos émotions et le contrôle que nous avons sur elles...

La métrologie du quotidien est tout aussi essentielle au développement des sociétés pauvres. La technique moderne passe par l'angle droit — la mise au carré — et la précision des fabrications les plus simples. L'établi de menuisier est déjà avant tout le domaine de la géométrie cartésienne. On y « dresse » les planches, et la plupart des gestes concourent à rectifier des surfaces approximativement planes, des lignes approximativement droites et des pièces approximativement d'équerre. Le reste vient en supplément, comme un point d'orgue, une virtuosité s'épanouissant sur la base structurée d'une maille obstinément cubique. Dans une région pauvre, le garagiste, l'électricien, le réparateur de télévision ne peuvent presque rien sans les instruments de mesure calés sur la précision des fabrications auxquelles ils ont affaire. Le développement commence par une mise à niveau technique de la mesure et des rectifications associées. Dans les industries de pointe aussi. En électronique, les fabricants de mémoires et de microprocesseurs, depuis le milieu des années 70 font la course à la gravure du silicium : 4 microns, puis 2, puis 1, et 0,2 d'ici la fin du siècle. Chaque année fait un pas vers la finesse et la complexité.

Le programme « métrologie du quotidien » vise à mettre la mesure au service de la micro-initiative populaire. Du côté des usagers, il comprend les mesures et essais au service du consommateur (qualité, performances et toxicité des produits...) avec un réseau mondial de laboratoires d'essai, un enseignement de la mesure du quotidien, et une gamme d'instruments destinés au public. À cet égard, la qualité et la pertinence de l'information des usagers est le meilleur stimulant de la qualité du travail des producteurs. Du côté des industriels, il y a aussi besoin de moyens d'essai et de mesure, mais à finalité professionnelle. Par exemple, les fabricants du textile ont besoin d'un centre d'essai de matériel de filature et de tissage qui fournit des informations objectivées sur les performances et la fiabilité des machines textiles. Et plus leur décision d'équipement sera étayée par des informations précises et justes, plus la qualité de leur travail sera élevée. Il en est de même pour toutes les professions.

Il faut aussi, en métrologie pure, si l'on peut dire, un réseau international de centres d'étalonnage et de « matériaux de référence », qui permette d'assurer, sur toute la planète, la continuité et la cohérence entre les différentes entreprises. Si en effet le centimètre n'est pas tout à fait le même à Shanghai et à Curitiba, il risque de se produire des incidents coûteux en temps et en argent quand les industriels chinois et brésiliens commenceront à travailler ensemble.

Ce programme « métrologie » est donc une infrastructure mondiale de service public, aussi nécessaire à la mondialisation de la technique moderne que les routes ou les aéroports. C'est surtout la possibilité de rendre le public vraiment libre par rapport aux producteurs, et d'en faire un arbitre compétent et juste de la concurrence. La compétition sportive s'appuie sur la mesure de plus en plus précise des performances, la compétition entre industriels devra le faire aussi.

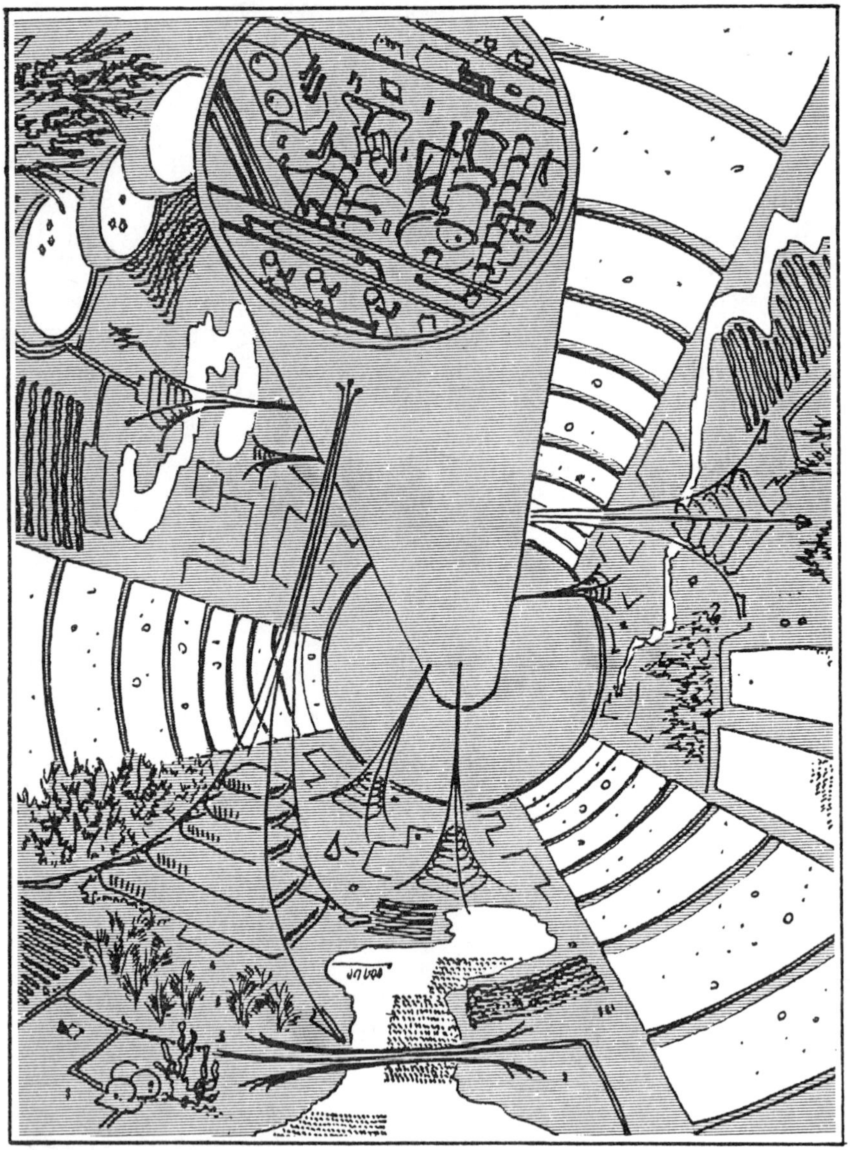

3. *Industrialiser l'espace :*

Les planètes artificielles tournent sur elles-mêmes. La force centrifuge y tient lieu de gravitation. Elle est réglable à volonté, ce qui donne lieu à des compétitions sportives spectaculaires. Ces planètes abritent un écosystème complet en équilibre et sont éclairées par la lumière solaire.

Industrialiser l'espace

Chaque activité dans l'espace élargit la conscience, offrant une vision nouvelle de ce qui se passe sur terre. Vues de là-haut, les frontières paraissent dérisoires, la nature fragile et les grands équipements insuffisants. Techniquement, l'espace est un grand miroir de la terre. Il réfléchit les communications et renvoie l'image de l'état de la planète (météo, couverture végétale, pollutions). Demain, il s'agira aussi de rendre possible la vie dans le cosmos, indépendamment de la présence d'une planète accueillante telle que la terre. D'où la construction de modèles réduits, les « biosphères », écosystèmes complets en équilibre. La vie dans l'espace sera l'aboutissement de toute une séquence technologique : l'avion spatial, l'utilisation de matériaux issus de l'espace (lune ou ceinture d'astéroïdes) les centrales solaires spatiales, enfin des planètes creuses artificielles avec des biosphères embarquées.

La présence de l'homme dans l'espace est récente. Elle s'est déclenchée dans un esprit de compétition entre les « blocs », à une époque révolue. Après la période héroïque, les Européens, avec Ariane, ont cherché la rentabilité. L'espace est devenu un domaine pour les robots et sert de miroir à la terre. Il réfléchit les ondes téléphoniques, répand les messages télévisés, surveille la météo, l'état des cultures, des forêts, de la pollution, ainsi que les mouvements de troupes. Toutes ces fonctions sont celles d'un miroir. Elles existent, mais n'ont pas encore atteint leur plein développement.

La première étape du programme spatial est indiscutablement de renforcer cet effet miroir, porteur de conscience. Car, à mesure que les images de la terre seront connues et divulguées, l'esprit des terriens s'élargira sans effort à une perspective planétaire. Il suffit de voir la manière dont on parle du temps qu'il fait. Entre le vieux sage du village qui prédisait d'après ses rhumatismes, et la photo satellite tous les soirs sur le petit écran, un changement radical de perspective s'est insensiblement accompli. Le regard de l'homme s'est élevé. Il voit depuis l'orbite, et avec un angle combien plus large, ce qu'il ne pouvait que deviner au ras de terre. Il en sera de même quand les images de la nature et de l'agriculture seront, en temps réel, mises sous les yeux du public. Le fait d'appartenir à une totalité et de ne pouvoir sans dommage pour tous, évacuer les déchets dans un au-delà, une décharge lointaine, sorte de lieu d'oubli volontaire, sera accepté à mesure que les pollutions seront montrées au public. Le miroir enclenche, par sa seule présence, un élargissement de conscience.

La seconde étape de l'aventure spatiale est plus technique. Elle consiste à industrialiser à partir de l'espace même, de manière à donner leur autonomie aux activités qui s'y développent. C'est, concrètement, une succession de réalisations qui, chacune prise séparément, peuvent paraître contingentes ou discutables, mais qui, prises dans leur ensemble, forment un tout consistant.

L'avion spatial : après la fusée, l'avion diviserait par quarante le coût de la mise en orbite d'un kilo de matériel (actuellement, environ 70 KF). On peut alors organiser des allers et retours entre la terre et des orbites basses, où tourneront des stations permanentes, à des prix qui deviennent abordables aux particuliers. L'organisation de bases de loisirs spatiales devient réalisable. La gravité réduite donne lieu à l'invention d'une gamme de sports nouveaux. Les premiers jeux Olympiques spatiaux en 2050 sont un point clef du programme. Ils associent le public à l'extraordinaire effort de dépassement que sont à la fois les jeux et la présence de l'homme dans l'espace.

L'installation de bases industrielles sur la lune : réservoir de matériaux de toute nature, n'ayant pas d'atmosphère et ne présentant qu'une gravité réduite, la lune[1]

1. Par rapport à cette ligne générale, le projet américain de débarquement sur Mars n'est pas indispensable. Mais fouler au pied la planète symbole du dieu de la Guerre justifie peut-être quelques milliards de dollars de plus.

est la mine du futur. On peut en extraire de tout, y compris de quoi reconstituer de l'air et de l'eau, et expédier par catapulte électromagnétique les matières destinées aux diverses constructions du programme. Il faut vingt fois moins d'énergie pour arracher un kilo à l'attraction lunaire qu'à l'attraction terrestre, et le catapultage dans le vide est évidemment beaucoup moins coûteux que la propulsion par fusée, ou même par avion.

Les stations solaires spatiales : le programme doit prévoir des étapes de rentabilisation, permettant de souffler financièrement et de convaincre les esprits réticents de poursuivre l'effort. La première est celle du « miroir », la seconde celle de l'énergie. En quoi consiste-t-elle ? Avec des panneaux solaires de plusieurs kilomètres de large, on capte le rayonnement avant qu'il ait été absorbé par l'atmosphère, on le transforme en un faisceau de micro-ondes, dirigé sur une grande antenne de réception au sol. Là, l'énergie est convertie et distribuée dans le réseau d'électricité. Un capteur suffit pour une ville de plusieurs centaines de milliers d'habitants. On peut aussi combiner l'idée de la transmission de puissance par micro-ondes et celle du miroir : une grande centrale terrestre (par exemple un barrage isolé dans l'Himalaya ou les Andes) envoie un faisceau sur un miroir spatial, qui le réfléchit vers une station de réception terrestre voisine d'un centre de consommation. Dès lors que l'on saura transmettre sans fil des courants forts, comme on sait le faire pour les courants faibles (la télévision et le téléphone), les mêmes configurations de faisceaux hertziens pourront être construites, soit près du sol (d'une colline à l'autre), soit par des satellites relais. Les premières expériences projetées, en Alaska et au Japon, portent, comme on peut s'y attendre, sur l'alimentation électrique d'installations d'accès difficile, telles que des phares ou des refuges isolés. Par rapport au programme d'industrialisation de l'espace, les centrales solaires spatiales présentent un double intérêt. Elles contribuent à l'approvisionnement en énergie, donc soulagent un problème terrestre encore mal résolu. D'autre part, elles constituent un excellent défi technique. Construites en partie avec des matériaux tirés de la lune ou des astéroïdes, ce sont les premières structures de grandes dimensions en orbite, où sera mise à l'épreuve la capacité des ingénieurs à maintenir en fonctionnement et en position des systèmes complexes.

La vie dans l'espace : après avoir envoyé toute une panoplie de robots, pour effectuer des tâches de service terrestre, il va bien falloir poser la question de la vie dans l'espace, non seulement pour l'homme, mais aussi, nécessairement, pour tout un écosystème qui lui serait associé. À cet égard, la plupart des nouvelles et des films de science-fiction ne résistent pas à l'analyse. Dans *2001* ou dans *La Guerre des étoiles*, par exemple, on voit des vaisseaux spatiaux dont l'aménagement intérieur ressemble à celui d'un immeuble de bureau de la seconde moitié du XXe siècle. Ce sont là fantasmes de bureaucrates. Si l'homme veut rester durablement dans l'espace, il lui faut emmener avec lui un morceau de nature. Il a en effet besoin de recycler l'eau, l'air, les déchets. Il doit s'intégrer dans un écosystème complet. Depuis plusieurs milliers d'années, les intellectuels, toujours prompts à considérer l'espèce humaine (voire leur propre ethnie) comme le nombril du monde, se sont efforcés de la placer au-dessus des autres et de la nature en général. Les considérations pratiques et concrètes que l'on est bien obligé de poser quand on veut anticiper la vie dans l'espace ramènent à plus de modestie et de réalisme. L'homme est une partie de la nature, dont il est étroitement solidaire. Il ne peut se passer d'elle, du moins à échéance prévisible. D'où l'importance des expériences du type « Biosphère 2[1] », qui visent à stabiliser, non plus un engin mécanique, mais un écosystème complet, ce qui est beaucoup plus difficile. Nous intervenons sur des êtres vivants, dans des circonstances bien définies et contrôlées, et « toutes choses restant égales par ailleurs ». Nous n'avons prati-

1. À Tucson, Arizona. Voir *Bio2 Newsletter*, Space Biospheres Ventures, P.O. Box 689, Oracle, AZ85623, USA.

quement aucune expérience au sujet de l'équilibre et des déséquilibres des écosystèmes, où interviennent des milliers de variables entremêlées. Stabiliser un complexe vivant autonome est donc l'étape de la réalisation de la techno-nature qui se présente maintenant devant nous. C'est une prise de responsabilité de gardien de la vie, un modèle réduit de la préservation de l'écosystème terrestre.

En réactivant le mythe de la terre mère Gaïa[1], on propose une dernière et immense divinité supra-humaine dont le respect est étayé par l'absurde : si les hommes ne sont pas assez raisonnables pour modérer leurs déprédations, alors Gaïa reprendra ses droits. Il y a eu des milliers d'espèces avant nous, il y en aura des milliers après. Même si nous ne survivons pas, la vie va continuer. Selon cette vision, l'humanité serait une délinquante, menacée de mort par une mère déesse indifférente et éternelle. L'idée que l'Espèce prend des risques excessifs avec son développement technologique est juste, mais pourquoi l'interpréter en termes de soumission par rapport à la Nature, alors qu'il s'agit au contraire d'en devenir le gardien, le chef d'orchestre, l'ingénieur et l'architecte. La Nature est déjà, de fait, sous notre protection. Les biosciences (et les sciences cognitives) sont appelées à jouer le rôle central pour la technique du siècle prochain, succédant à la mécanique et à la chimie de la révolution industrielle.

Les planètes creuses artificielles : émise dès les années 70[2], l'idée des planètes creuses artificielles semble bien désormais le point de passage obligé de toute prospective spatiale à long terme. Pourquoi ? parce que la présence de la vie, et non plus de l'homme tout seul, dans l'espace s'accomplit lorsque son autonomie et sa reproduction sont de nouveau assurées, et deviennent — relativement — indépendantes de la pré-

1. James Lovelock, *Les Âges de Gaïa*, Laffont, 1990.

2. Par le physicien O'Neill, *The High Frontier*, Space Studies Institute Press, Princeton, New Jersey, 1989.

sence d'une planète accueillante telle que la terre, située à la bonne distance de la bonne étoile, avec la composition chimique adéquate [1]. Si donc nous arrivons à la fois à traiter des matériaux dans l'espace pour l'espace, en prélevant sur n'importe quel astéroïde passant à portée, et si nous sommes aussi capables d'être les bergers d'écosystèmes, nous pouvons prétendre construire des planètes creuses autonomes et partir vers d'autres systèmes solaires. Alors, non seulement l'humanité est en mesure de survivre à sa planète natale, mais elle devient le messager de la vie à travers les étoiles [2].

Ainsi, après des programmes nationaux, le temps est venu d'une concertation, puis d'un grand programme spatial mondial, sur la voie de l'accomplissement de la technonature, nouvelle étape de la vie. On objectera le coût, les délais, l'urgence des souffrances terrestres, dont le soulagement serait plus prioritaire, auquel il faudrait donc consacrer les financements, avant que de s'occuper de l'espace. Ce sont là des sentiments légitimes, mais qui omettent la valeur de pionnier de l'espèce humaine. Prendre les crédits du spatial pour les consacrer à la lutte contre la pauvreté ou la maladie est apparemment inattaquable. Apparemment seulement, car si des recherches de pointe ne sont pas financées, si des défis techniques ne sont pas relevés, c'est toute l'humanité qui se trouve diminuée. Quand l'homme a mis le pied sur la lune, l'aborigène australien, du fond de son désert, dans son total dénuement, a su que quelque chose s'était passé.

Et quand, quelques années plus tard, on a repéré une catastrophe aérienne par satellite, quand on a localisé la balise Argos d'un bateau en détresse, quand on a repéré les zones du Sahel où la famine allait s'abattre, personne ne se souvenait plus du lien avec l'exploit apparemment inutile, de celui qui marchait sur la lune.

1. Voir Jean-Claude Ribes et Guy Monnet, *La Vie extraterrestre*, Larousse, 1990.

2. Ou du moins de la forme de vie que nous connaissons, car il n'est pas exclu que d'autres formes de vie existent aussi ailleurs dans le cosmos.

187

Ceux qui s'obstinent à ne voir que les résultats immédiats se donnent bonne conscience à peu de frais. Ce sont des dévots de l'humanisme, mais sont-ils toujours les meilleurs serviteurs de l'humanité ?

4. Habiter les mers :

Des exploitations aquacoles permettent la pisciculture en haute mer. Un filtre concentre le plancton destiné à nourrir le poisson élevé à l'intérieur des nasses. Cette ferme flottante abrite une ville qui vit en autonomie grâce à la culture hydroponique et aux énergies du vent, du soleil et des vagues.

Habiter les mers

Depuis un siècle, la population s'est déplacée vers les côtes. Celles-ci sont maintenant surpeuplées et défigurées. On va sauter le pas et s'installer sur l'eau. Ce seront des cités flottantes, sur remblais ou sur pilotis de plusieurs milliers, voire millions, d'habitants. Les composants techniques sont prêts : énergies du soleil, des vents et de la houle, aquaculture, agriculture hydroponique, dessalement, télécommunications par satellites. On peut maîtriser leur développement pour éviter de polluer l'océan. Ces cités marines auront diverses vocations : loisirs nautiques, production d'aliments issus de la mer, enseignement, recherche et industries de pointe (technopoles). L'habitat maritime offrira une qualité de vie accrue. La circulation, l'approvisionnement en eau, le traitement des déchets seront simplifiés. Fabriqué en série, cet urbanisme sera plus économique près des côtes où le prix des terrains est devenu exorbitant (baie de Tokyo, Côte d'Azur...). Mais il faut en premier lieu réviser la législation du domaine maritime, conçue autrefois pour d'autres technologies.

Comme beaucoup de mes contemporains, j'aime la mer. L'été, je ne manque pas l'occasion de naviguer, et chaque fois le mouvement des vagues, le bruit du vent, épreuve toujours nouvelle face aux éléments, me régénèrent. C'est comme un grand nettoyage, une purification qui chasse les miasmes urbains de toute l'année et ne laisse subsister que l'essentiel. Je suis heureux de vivre dans un siècle où cette expérience est à ma portée, et je crois profondément que « mener sa barque » apprend les choses de la vie bien mieux que la plupart des autres enseignements.

En plus, le travail de prospective sur le siècle prochain m'a convaincu que s'y construiraient des cités marines de grande taille, au point que le peuplement des océans, des mers et des lacs atteindrait plusieurs centaines de millions au XXIIe siècle. Cette conviction, sans doute, se nourrit de mes penchants pour la navigation. Mais elle s'appuie aussi sur des raisonnements, dont voici l'essentiel.

D'abord, voyons l'aspect technique : tout est prêt pour s'installer sur les eaux. Les télécommunications, avec leurs paraboles, leurs satellites, les balises Argos, et les réseaux de localisation automatique rompent l'isolement et donnent à la vie en mer une sécurité accrue. Le dessalement permet l'alimentation en eau douce. On sait capter l'énergie du soleil, celle du vent et, dans une certaine mesure aussi, celle de la houle. L'aquaculture au voisinage de la surface et l'agriculture hydroponique procurent l'autonomie alimentaire. La possibilité d'installer des cités relativement indépendantes des approvisionnements terrestres est donc là, il suffit de la saisir. Mais le voudra-t-on ?

Je crois que oui, pour la raison suivante. Le prix de certains terrains côtiers est devenu exorbitant. Depuis une cinquantaine d'années, la population a migré vers les côtes. Elle s'est entassée dans des immeubles avec « vue sur la mer ». La plupart des grandes villes du monde sont côtières ou lacustres. Cet attrait pour l'eau ne fait qu'augmenter, et l'on pressent le temps où les villes, ayant saturé le littoral, l'ayant même souvent défiguré, vont sauter le pas et s'établir sur les océans.

On voit déjà poindre les projets là où le mètre carré est le plus cher du monde, au Japon : celui proposé par la société Taiseï est un immense Fuji-Yama au milieu de l'eau, de huit cents étages et 4 000 mètres de haut (treize fois la tour Eiffel, les quatre cinquièmes de la hauteur du mont Blanc), pouvant accueillir 700 000 personnes ! Une autre société, Nikken Sekkei, a proposé une grande île artificielle circulaire, de deux kilomètres de diamètre, avec 600 hectares de superficie habitable. Elle coûterait l'équivalent de 65 milliards de francs, accueillerait 70 000 habitants et serait construite en dix ans. Un lac intérieur de 250 hectares servirait aux loisirs. Les circulations se feraient à l'intérieur des bâtiments, de manière à réserver l'extérieur aux habitations. Sur le plan architectural et technique, l'idée des « terrains artificiels[1] » me paraît ouvrir de nouveaux horizons. Imaginez un serpent qui se mord la queue, posé sur l'eau. Mais, au lieu d'être rond, comme un serpent normal, celui-là est triangulaire. Sa crête est une poutre sinueuse, à quelques dizaines de mètres au-dessus de la mer. Son ventre plat est au niveau de l'eau, délimité par deux autres poutres parallèles. Entre chacune d'elles et la crête se trouve une surface inclinée, à laquelle sont accrochés le bâtiments. Au centre du corps, à la place de la colonne vertébrale, il y a les transports en commun et les circulations. Le principe de construction est industrialisable. Le projet précédent (Nikken Sekkei) en est une application particulière.

Au-delà des projets titanesques, on entend dire maintenant au Japon que, sans doute, l'archipel est bien petit. La société nipponne s'y sent à l'étroit. Mais, si l'on y rajoute les deux cent milles des eaux territoriales, alors l'occupation des mers le rend tout à fait suffisant, compte tenu des perspectives démographiques du siècle prochain. Ce ne sont sans doute pas des projets isolés et spectaculaires qui se réaliseront, mais de véritables plans d'urbanisme sur les eaux. Le premier sera sans doute celui de la baie de Tokyo, avec un aéroport et une ville sur pilotis. Il sera mis en cohérence avec le déménagement, actuellement en discussion, de la capitale japonaise. Pourquoi une partie ne deviendrait-elle pas marine ? D'autres projets suivront. Les Japonais ont les moyens de réaliser et de transférer leur technologie à d'autres régions du monde.

Pour comprendre l'enjeu des cités marines, il faut en effet les replacer dans un raisonnement plus global, celui de la technonature. À chaque stade de l'évolution, l'homme inscrit de plus en plus fermement dans la nature son ordre intérieur. Cette façon de faire, consistant à penser le cadre de vie d'une manière de plus en

1. Due à l'architecte japonais Kikutake.

plus précise, cohérente et détaillée avant de le réaliser devrait se poursuivre et s'amplifier. C'est en effet une programmation dans l'esprit des nouvelles technologies. Nous irions donc, non seulement vers des structurations de villes existantes, mais aussi vers la construction d'espaces de vie nouveaux, dans des sites jusqu'alors inhabités. N'est-ce pas d'ailleurs ce qui a déjà commencé dans les villes nouvelles de l'après-guerre, pour désengorger le cœur des grandes cités, puis les stations de loisirs, que ce soit en montagne ou au bord de mer, enfin les technopoles, où cohabitent des recherches, de l'enseignement et des industries de pointe, à la manière de Silicon Valley ?

Si maintenant nous poursuivons cette logique anticipatrice, nous trouvons inévitablement le développement de cités marines sur notre chemin. Celles-ci, en effet, sont construites sur un espace libre, la mer. Certaines seront flottantes, d'autres sur remblais, quelques-unes sous-marines. Elles peuvent être industrialisées plus aisément encore que les villes terrestres, car le concepteur, n'ayant pas à subir les contraintes d'un terrain particulier, peut prévoir et même normaliser les formes, les articulations et les agencements. L'évacuation des déchets (après traitement) est plus facile. Les circuits d'eau, d'énergie et d'information sont inscrits dès la construction. On peut même imaginer que soient, dès le départ, inscrits dans la géométrie des lieux la circulation des personnes (métros, trottoirs roulants...) et celle des paquets et des lettres tenant lieu de poste. L'acheminement des matériaux se fera, bien entendu, par bateaux, plus économiques que le transport terrestre. Il y a donc de bonnes raisons de penser que ces cités sur l'eau pourraient être moins coûteuses en investissement et en fonctionnement que les villes à terre. Si donc se présente le défi de loger de grandes masses de population errantes dans des lieux économiques, en vue d'une accoutumance aux formes modernes de civilisation, elles offrent des possibilités qui ne seront certainement pas à négliger.

Mais les premiers développements seront ailleurs. Déjà,

avec les succès de Port-Grimaud sur la Côte d'Azur et Port-Liberté face à New York, l'architecte Spoerry a démontré l'attrait de la qualité de vie « les pieds dans l'eau ». Ce ne sont pas encore des cités marines en pleine eau. Elles témoignent néanmoins de l'intérêt que les clientèles fortunées et les organisations de loisirs porteront à cette forme d'urbanisme dès qu'elle sera disponible. Un autre architecte, Jacques Rougerie, poussant plus loin encore l'amour de la mer, a proposé des constructions sous-marines, qui présenteraient l'avantage supplémentaire d'être en permanence à l'abri des tempêtes. Il y aura des candidats pour vivre sous l'eau, mais sans doute moins nombreux qu'au-dessus.

L'accueil favorable du public aux nouvelles formes de bases de loisirs nautiques, inspirées de l'Aquaboulevard, montre en tout cas une évolution de la relation avec le milieu aquatique. L'eau devient un milieu de plus en plus familier. Nos grands-parents ruraux la craignaient. Nos enfants s'y ébattent joyeusement. L'invention du détendeur Cousteau-Gagnan et des bouteilles de plongée a offert au grand public, dès après la Seconde Guerre mondiale, la possibilité extraordinaire d'évoluer sous l'eau au rythme lent des poissons. Les jeux nautiques d'autrefois se doublent maintenant d'une nouvelle accoutumance au monde sous-marin.

Le programme « habiter les mers » vise d'abord à préciser les différentes formes que pourraient prendre la vie sur les océans, les mers, les lacs, les rivières et les marais au cours des prochaines décennies. C'est d'abord un travail de conception d'ensemble, pour différents modules, tels que :

- Un module « village de vacances » pour deux mille personnes, avec des équipements variés de sports nautiques et sous marins.
- Un module « technopole aquatique » pour vingt mille habitants, avec un ensemble universitaire, des emplacements pour les industries de pointe, une ferme marine et tous les services urbains d'une ville moyenne.

- Un module « cité d'affaires-port franc » pour deux cent mille personnes, avec des équipements portuaires et des emplacements pour les industries de transformation, ainsi qu'un téléport et une cité d'affaires, capables d'accueillir jusqu'à des sièges sociaux de multinationales.

- Un module mégapole marine, pour deux millions d'habitants, avec des transports en commun, une production alimentaire autosuffisante et un système éducatif complet.

Dès l'étude préalable, les différentes fonctions sont articulées entre elles : les circulations, l'approvisionnement en eau et en électricité, les communications téléphoniques et le câblage, l'évacuation des déchets, la résistance aux intempéries, la prévision des avaries. Le parti architectural reflète cette économie générale. Il est aussi conçu en vue d'une logique d'industrialisation, avec, autant que possible, de la préfabrication en série. À cet égard, le choix des matériaux est essentiel : rigides ou souples ? allégés ou alourdis ? étanches, résistants à la corrosion marine... Ce choix s'exprime aussi dans les structures, qui travaillent soit en compression, comme les constructions terrestres, soit en tension, comme les gréements de bateaux, soit encore en membranes, comme les structures gonflables. Le milieu marin, à cause de ses intempéries, oblige le constructeur à étudier tout l'art de plier sans rompre.

Pour rendre possible l'éclosion de telles constructions, il ne suffit pas de travaux techniques. Il faut aussi une législation du domaine public maritime et côtier qui ouvre le droit de construire près des côtes. Ces législations, dans certains pays, datent de plusieurs siècles. Elles ont été faites pour interdire ou pour préserver, et non dans un but d'aménagement, à l'époque techniquement hors de portée. Même si l'on peut espérer des cités marines en pleine mer, au-delà des deux cent milles, la plupart des demandes se manifesteront très certainement au voisinage des côtes, souvent même liées au rivage. Or les lois en vigueur sont totalement inadaptées à de tels projets. Il en résulte que ceux qui se sont quand même construits l'ont été en dérogation, en catimini ou à la va-vite, et n'ont pas respecté la qualité des sites. S'il faut maintenant mettre à l'étude une législation appropriée de la construction sur les eaux, c'est bien pour faire prévaloir la qualité de la vie et éviter une vague de promotions sauvages, défigurant les côtes et polluant les rivages. Ce sera donc une des tâches du programme que de faire mettre à l'étude un cadre juridique, ayant valeur internationale, pouvant servir de recommandation pour les différents pays.

À plus long terme, certains scientifiques imaginent qu'avec du sang artificiel et des branchies greffées, des humains pourraient vivre en permanence dans l'eau, retrouvant ainsi le milieu naturel de très lointains ancêtres. Dans la techno-nature où nous vivons désormais, tout a été rêvé par l'homme avant d'être fabriqué. La technique moderne est l'incarnation de rêves anciens. Celui du retour au milieu aquatique des origines est toujours là. Il attend son heure. Peut-être nos enfants le verront-ils. Les rêves finissent par devenir réalité.

5. *Maîtriser l'énergie :*

Les constructions urbaines intègrent petit à petit les enseignements de l'écoarchitecture : orientation des façades ; isolations variables ; autoproduction d'énergie et de produits agricoles ; enfouissement partiel dans le sol ; intégration dans l'environnement...

Maîtriser l'énergie

La maîtrise de l'énergie est cohérente avec le nouveau système technique. Elle utilise les ressources de manière plus fine et précise. Mais il faut l'accélérer par l'intervention d'agences, alimentées par des taxes sur les consommations d'énergie, et utilisant le produit de ces taxes pour promouvoir les nouvelles technologies plus « soutenables ». Par exemple, celles de la « civilisation de l'hydrogène » : le remplacement des combustibles par l'hydrogène évite l'effet de serre. Il ne produit que quelques nuages de plus en brûlant. Il n'est pas polluant. On peut l'obtenir à partir de n'importe quelle source d'électricité (solaire, éolienne, nucléaire...). Quelques aménagements (sécurité, corrosion...) suffisent pour que les moteurs et les brûleurs actuels puissent l'accepter. Il faut donc, dans tous les pays, aménager un passage graduel au combustible hydrogène, en même temps qu'un développement massif de l'électrification et des énergies nouvelles (solaire, éolienne, biomasse...), ainsi que des économies d'énergie.

La question de l'approvisionnement en énergie a mobilisé la prospective des années 70. Elle a été présentée de manière catastrophiste. L'espèce humaine consomme en moyenne chaque année vingt-cinq fois son propre poids de pétrole, charbon et gaz. Or, ces matières sont le résultat de la décomposition de cadavres de plantes et d'animaux qui vivaient pour la plupart il y a plusieurs centaines de millions d'années. Elles ne représentent qu'une petite fraction des matières vivantes du passé. L'essentiel a été recyclé par l'écosystème, a brûlé, s'est dilué ou évaporé. Ce qui reste pour la consommation énergétique est en quantité limitée. Les réserves reconnues de pétrole sont d'une quarantaine d'années de consommation ; elles montent jusqu'à deux cents ans si l'on y ajoute les « nouveaux pétroles » et une estimation raisonnable des gisements qui restent à découvrir. Celles du charbon sont plus importantes, mais ne vont pas au-delà de trois à quatre cents ans, ce qui est bien peu au regard de l'évolution de l'Espèce.

Au siècle prochain, la mondialisation rapprochera les niveaux de consommation d'énergie des différents peuples de la planète. Nous consommons actuellement 1,4 tonne d'équivalent pétrole par habitant et par an sur l'ensemble du globe (c'est-à-dire vingt-cinq fois le poids d'un humain moyen de 56 kilos). Mais certains pays (les États-Unis, l'ex-Union soviétique et l'Australie) en consomment respectivement 7, 4,7 et 4,8 tonnes, alors que les plus pauvres n'en utilisent que 0,1, soit cinquante fois moins. Sans doute, les besoins ne sont pas les mêmes partout. Il est moins nécessaire de chauffer dans les pays tropicaux et les distances sont moins grandes dans les régions denses. Cependant, à Washington, les pointes de consommation ne se situent pas en hiver, comme en Europe, mais en été, à cause des climatiseurs. Et dans l'ex-Union soviétique, le niveau très élevé de la consommation moyenne n'est pas dû au niveau de vie, mais au contraire à la mauvaise qualité des installations : les fours industriels sont mal isolés, les bâtiments aussi. De véritables passoires thermiques envoient dans l'atmosphère la plus grande partie de l'énergie consommée.

Confort excessif et avachissement de la population d'un côté, gaspillage et ingénièrie déficiente de l'autre. On ne peut pas dire que ce soient des « besoins ». C'est un état de la technique et des mœurs, imparfait et irresponsable, qui ne demande qu'à être amélioré. Tel est l'objet de ce programme. Cependant, il ne faut pas oublier que les pays pauvres ont, dans le siècle qui vient, un rattrapage économique à effectuer. Et, même s'ils ne tombent pas dans les excès des pays riches d'aujourd'hui, il leur faudra quand même consommer plus d'énergie. La mondialisation des communications devrait avoir pour conséquence l'harmonisation des niveaux de vie, tout en accentuant une diversité des modes de vie. Chacun pouvant voir aisément où en sont les autres peuples voudra en effet accéder aux mêmes types de possibilités. Dans un premier temps, les pauvres ne le pourront pas. Mais, au bout de deux ou trois générations, le fossé sera comblé. Aucun dirigeant, le plus rétrograde soit-il, ne peut empêcher le désir profond du peuple de se réaliser à long terme. Il peut seulement retarder — ou accélérer — l'évolution.

Dès avant les « chocs » pétroliers, des cris d'alarme ont été poussés à propos de l'énergie. Mais le « halte à la croissance », reniant l'économie tout entière, aurait dû se limiter à un « halte à la surconsommation ». Depuis, il est apparu que la combustion du pétrole et du charbon présentait aussi un inconvénient imprévu : elle accroît la teneur en gaz carbonique de l'atmosphère. Le rayonnement solaire est alors piégé, et la terre se réchauffe. Si nous continuons sur notre lancée, dans cinquante ans la proportion de CO_2 aura doublé. Par « effet de serre », le climat sera plus chaud de trois degrés en moyenne : un degré près de l'équateur, et dix près des cercles polaires, ce qui fera monter le niveau des mers, par dilatation des océans et fonte des glaciers, mais rendra aussi peut-être plus hospitalières certaines régions froides (Canada, Islande, Scandinavie, Sibérie). Une telle augmentation est peut-être tolérable, encore que la rapidité du changement et ses conséquences prévisibles n'aient pas encore été analysées avec suffisamment de précision. Mais une élévation de température nettement supérieure provoquerait sans doute des déséquilibres écologiques et climatiques à caractère catastrophique. C'est pourquoi les énergéticiens estiment maintenant que les consommations, au siècle prochain, ne seront pas restreintes par le manque de ressources, mais par la nécessité de contenir l'effet de serre dans des limites non dangereuses. Par ailleurs, dans certains pays en développement, la consommation de bois de feu accélère le processus de désertification. Les pluies acides, les marées noires et la pollution atmosphérique des villes, dues pour l'essentiel à l'énergie, menacent la santé des humains et de la nature. D'ici une cinquantaine d'années, nous risquons une « apocalypse au ralenti [1] » : désertification, instabilité climatique, montée des eaux...

Depuis la Seconde Guerre mondiale, pendant laquelle le pétrole (en fait les carburants, souvenons-nous des gazogènes) est apparu comme une ressource stratégique, les techniciens ont oscillé entre la recherche de sources miracles, capables de résoudre tous les problèmes à la fois (l'hydraulique, puis le nucléaire, et maintenant la fusion), et

1. Philippe Roqueplo, *Les Pluies acides*, CPE-Economica.

d'autre part l'envie de se libérer de l'emprise dominatrice d'une source particulière (le charbon, puis le pétrole). Cette double et contradictoire préoccupation s'accompagnait d'une manière désinvolte de tenir le public hors de leurs décisions, au motif qu'on n'avait pas le temps ni les moyens de lui expliquer des choses compliquées, que les spécialistes eux-mêmes avaient parfois du mal à comprendre. Les technocrates s'étaient convaincus que le peuple se comporte de manière bestiale et préfère toujours la satisfaction de besoins immédiats à la sécurité à long terme. Pressés de mettre en place le nucléaire, ils l'ont fait en tirant les prix (pour être compétitif avec le pétrole), au détriment de la sécurité. Les centrales nucléaires auraient dû être enterrées profondément et beaucoup plus robotisées. Elles le seront sans doute au siècle prochain. Tout cela appartient maintenant au passé.

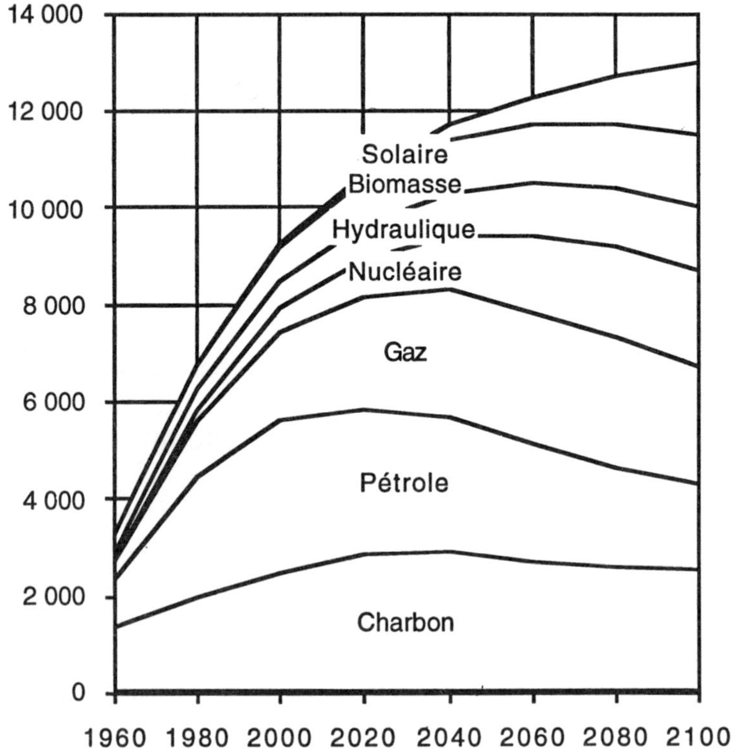

Scénario d'approvisionnement énergétique mondial 1960-2100.
Unité : million de tonnes d'équivalent pétrole

Il n'y aura sans doute pas de source miracle, mais on trouvera dans la diversité des approvisionnements la sécurité tant recherchée. Ni la fusion contrôlée, ni les surrégénérateurs, ni le solaire, ni les éoliennes, ni l'énergie de la houle, ni l'énergie thermique des mers, ni la biomasse n'auront de monopole, mais tous contribueront, chacun selon ses possibilités, à la production mondiale d'énergie. Le paysage énergétique futur laissera moins de place à la confiscation des ressources et des marchés, comme le montre le scénario ci-dessus[1].

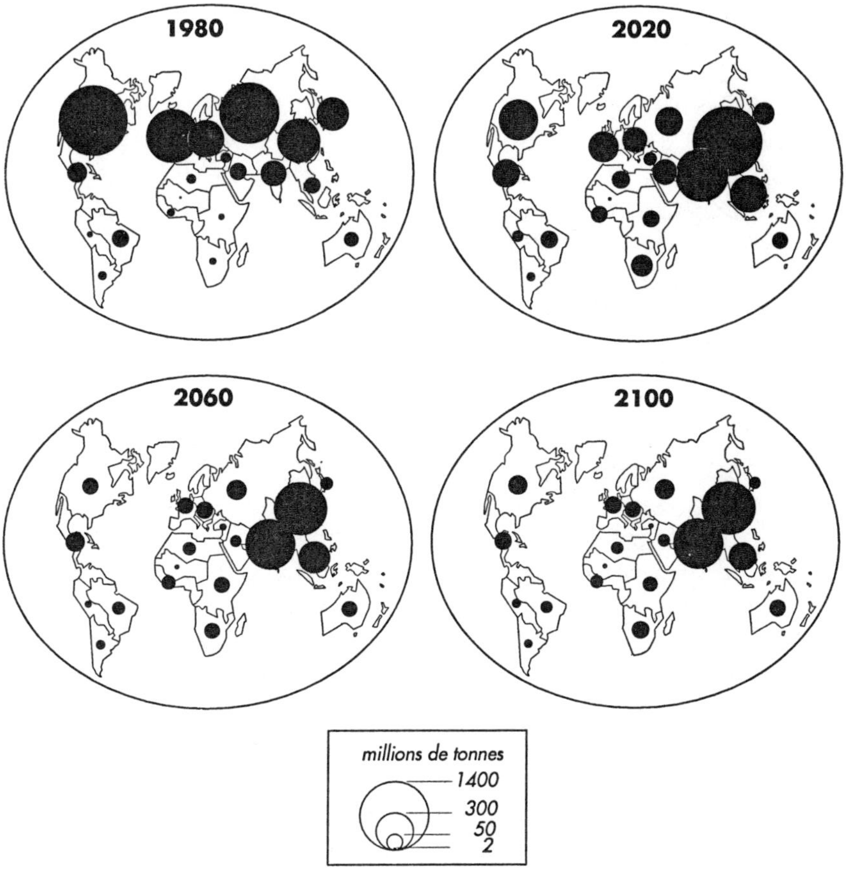

Les émissions de gaz carbonique dans l'atmosphère, génératrices d'effet de serre, selon le scénario ci-dessus

1. Dû aux travaux de François Pharabod et Benjamin Dessus (CNRS).

Toutefois, trois questions nécessiteront des actions collectives volontaristes de grande ampleur :

- La première est l'électrification du monde. La mise en réseau de la planète, pour l'électricité comme pour le téléphone, est sans doute dans la logique profonde du nouveau système technique. Elle est inévitable à long terme. Mais son financement ne va pas de soi pour les régions pauvres ou éloignés des centres de production. Des solutions alternatives existent pour celles qui développeront des productions locales et des petits réseaux alimentés par des énergies renouvelables. Mais si la mise en réseau n'est pas faite, l'exclusion ne pourra que s'accentuer, produisant des révoltes et des désordres bien plus coûteux que le raccordement, en argent et surtout en valeurs humaines. Le programme, sur ce sujet, construira des instruments de financement spécifiques, permettant d'amortir les investissements dans les zones mal desservies.

- La deuxième est l'économie d'énergie, grâce surtout à une utilisation plus efficace jointe à la lutte contre les gaspillages. L'expérience montre qu'un niveau, même élevé, de prix ne suffit pas pour que les investissements engendrant une économie d'énergie soient effectués par les usagers. Certains subissent les augmentations comme une fatalité, sans réagir. Pour d'autres, la facture énergétique représente une fraction faible de leurs coûts, à laquelle ils n'ont pas le temps de s'intéresser. Il faut donc renforcer l'incitation financière et mener des campagnes pour faire mieux connaître aux industriels et aux particuliers les vertus de l'économie d'énergie. Le programme, là aussi, consiste à bâtir des financements appropriés, sous forme de redevances, d'un réseau d'agences pour la maîtrise de l'énergie et de programmes internationaux de développement des énergies renouvelables.

- La troisième est le passage à une « civilisation de l'hydrogène ». Techniquement, les avantages sont manifestes : le remplacement des carburants par l'hydrogène évite d'augmenter l'effet de serre. Plus d'excédent de gaz carbonique, il ne produit que de la vapeur d'eau en brûlant : quelques nuages de plus... Il n'est pas polluant : plus de fumées nocives, finis les gaz d'échappement délétères et les pluies acides qui rongent les forêts. On peut l'obtenir à partir de n'importe quelle source d'électricité (solaire, éolienne, nucléaire...). L'hydrogène n'est pas une énergie primaire, c'est ce qu'on appelle un « vecteur énergétique », c'est-à-dire un moyen de stocker et de transmettre l'énergie. Il faudra donc d'abord développer la production d'hydrogène à partir des énergies renouvelables, pour éviter de déplacer les problèmes de pollution et de surconsommation vers l'amont. Quant aux usages, quelques aménagements, déjà connus des techniciens (sécurité, corrosion...) suffisent pour que les moteurs d'automobiles et les brûleurs actuels puissent l'accepter. Mais si l'on veut, dans tous les pays, effectuer un passage graduel à ce nouveau combustible, il faut changer des filières techniques entières, ce qui suppose des financements considérables et une programmation prévoyante. Comment, en effet, organiser un réseau hydrogène remplaçant les pompes à essence ? Doit-on remplacer le gaz de ville (actuellement du méthane) par de l'hydrogène, beaucoup plus volatil, se faufilant à travers la moindre microfissure et susceptible d'exploser s'il se trouve mélangé à de l'air dans certaines proportions ? Comment dompter ce dragon, l'élément le plus léger de la chimie, et le plus actif aussi ? Ce n'est pas impossible. Des distributions d'hydrogène dans des réseaux publics de gaz sont déjà en service depuis des décennies dans plusieurs villes d'Europe. On utilise déjà l'hydrogène comme combustible dans les fusées spatiales, et l'on sait que, prochainement, les conditions de sécurité seront suffisamment maîtrisées pour pouvoir remplacer par de l'hydrogène le kérosène des avions de ligne. Ce sera sans doute, avec les utilisations diverses de l'industrie, le premier débouché massif. Le remplacement de l'essence et du fuel des transports routiers suivra, quand les constructeurs automobiles et les distributeurs pétroliers auront fait le nécessaire. On disposera d'une programmation cohérente d'un passage global à l'hydrogène, avec toutes ses variantes d'usage (chauffage, moteurs, industrie...), de production et de distribution, quand les négociations avec ces lobbies auront abouti à des échéanciers clairs et tranché quelques points délicats, tels que les niveaux de prix et les conditions du démembrement des oligopoles. Doit-on, par exemple, envisager que chacun se produira son hydrogène avec un petit électrolyseur domestique, ou bien que les grandes compagnies pétrolières se convertiront, le moment venu, à la distribution massive de cette nouvelle forme d'énergie ? Peut-être les deux à la fois, ce serait plus sûr.

6. Transformer la planète en jardin :

Les nouvelles formes d'agriculture renoncent à l'exploitation intensive des sols, ruineuse pour l'environnement. Reprenant des schémas traditionnels en terrasses, elles dessinent un paysage agricole optimisé entre production et agrément

Transformer la planète en jardin

La grande richesse de la vie, la diversité du patrimoine écologique, doit être préservée. Bien plus, l'homme doit constater qu'étant désormais maître de la nature, il en assume aussi la responsabilité. Il est le gardien de la vie. Il a le pouvoir de la supprimer, mais aussi celui de la préserver et de l'enrichir. Il faut donc un programme mondial de parcs naturels, de protection des espèces rares, de conservation du patrimoine génétique et de reforestation. Il faut aussi mettre en place une gestion planétaire des eaux, comprenant irrigation, dessalement, épuration, recyclages. Il faut, tout en y préservant la nature, équiper en barrages les deux plus grands massifs montagneux du monde : les Andes et surtout l'Himalaya qui se trouve au voisinage de l'Inde et de la Chine, grands consommateurs potentiels d'électricité au siècle prochain. Il faut aussi constituer un système de lacs, de barrages et de canaux en Afrique, dans la péninsule indienne (Bangladesh...), en Amérique du Sud, et aménager intelligemment le cours des grands fleuves sibériens dans la perspective du réchauffement planétaire. Le système agricole, autrefois exclusivement dédié à la production marchande de nourriture, évolue vers une fonction reconnue de préservation, d'entretien et d'aménagement de la nature. L'exploitant, alors, se mue en artiste. Il accompagne la fécondité de la terre. Un des grands défis de cet aménagement est la reconquête des espaces désertifiés par l'homme, à la suite de surexploitations, de déforestations ou d'abandons. Les outils institutionnels de ces réalisations ne sont pas seulement les administrations étatiques, mais aussi une législation mondiale appropriée, s'imposant aux États, et un réseau transnational d'agences, construites sur le modèle des agences de bassin, gérées par des professionnels, qui prélèvent des taxes sur les dommages causés à la nature, rendent des services au public et utilisent leurs ressources au service de la nature.

La mise en place du nouveau système technique pose autrement la question des relations de l'homme et de la nature.

En fait, nous avons simultanément sur la planète des sociétés vivant dans les systèmes techniques successifs qu'a connus l'humanité. Il reste des chasseurs cueilleurs, sous toutes les latitudes. Il y a des pêcheurs, plus ou moins industrialisés selon les lieux. Plus du tiers des humains vit de l'agriculture traditionnelle d'autosubsistance, dans un système d'autarcie villageoise. Les sociétés urbanisées vivent de l'agriculture industrialisée et de la transformation agro-alimentaire associée. Enfin, une toute petite minorité se nourrit d'agriculture biologique.

C'est la confrontation entre ces différents modes d'existence qui pose problème. Plus précisément, l'agriculture villageoise d'autosubsistance constitue un système en équilibre avec la nature. Le cultivateur se doit d'être prévoyant. Il doit ménager l'avenir pour sa descendance. Par rapport à cette civilisation stable et complète, l'industrialisation est un ethnocide. Elle limite le cultivateur à son rôle de producteur, et l'oriente par un critère de rentabilité. La prise en charge de l'avenir lointain n'est plus assurée. Actuellement, le monde rural subit encore de plein fouet le choc de l'industrialisation. Les nouvelles approches de la société de l'immatériel lui semblent bien faibles et lointaines, presque imperceptibles. Cependant, elles s'imposeront là comme ailleurs au siècle prochain. Le passage au jardinage planétaire est l'expression du nouveau système technique, celui qui suit l'industrialisation. Il se caractérise par une recherche de qualité et une limitation des dégâts dus aux exploitations intensives.

On ne manque pas de terres [1]. Sur les treize milliards d'hectares de la planète (2,6 hectares par habitant), 33 % est couvert par des forêts, 45 % est inutilisable (ce sont des déserts — 28 % — des régions froides, montagneuses ou inondées). Reste environ 25 % cultivables (6 000 mètres carrés par personne), dont nous utilisons seulement moins de la moitié (11 %, soit un hectare pour trois personnes). En particulier,

1. On pourra consulter à ce sujet *The Gaïa Atlas of Planet Management*, édité par Norman Myers, Pan Books. Voir ausi les travaux de l'équipe de Lester Brown (World Watch Institute) et son rapport annuel *The State of the World*, Norton.

l'Afrique et l'Amérique du Sud n'exploitent que 6 et 7 % de leur territoire, soit le cinquième de ce qui serait cultivable, même sans toucher à la forêt.

Les besoins alimentaires de l'espèce humaine ne sont pas excessifs au point de menacer l'équilibre écologique. La consommation[1] par habitant et par an est de :

céréales	300 kg
légumes	183 kg
viande	28 kg
poisson	14 kg
Total	*525 kg*

Même en remédiant à la sous-alimentation (ces chiffres équivalent à une moyenne de 1,4 kilo par jour, ce qui est peu), nous resterions très en dessous du potentiel agricole (3 tonnes par an) et surtout de la production de biomasse par les forêts : 133 milliards de tonnes, soit 27 tonnes par habitant et par an, dont nous ne consommons que 0,6 — la moitié pour les usages industriels (papier, construction, ameublement...), l'autre moitié pour le chauffage et la cuisine (bois de feu) surtout dans les pays en développement. La plus grande partie de la biomasse n'est pas utilisée pour la nourriture. Et les besoins nutritionnels, environ une demi-tonne par habitant et par an sont trois fois moins importants que la consommation d'énergie : 1,4 tonne d'équivalent pétrole.

Le grand vivier des espèces, le chaudron où fermente la soupe créatrice, c'est la forêt, plus précisément la forêt tropicale humide. Au total, il y a encore plus de 3 milliards d'hectares boisés sur la planète, soit un peu plus d'un hectare pour deux personnes. La forêt contient les trois quarts de la

1. Y compris celle du bétail qui s'alimente avec un bon tiers du milliard et demi de tonnes de céréales.

biomasse terrestre, soit 950 milliards de tonnes au total, 190 tonnes par habitant, un cube de six mètres de coté. La réserve de biomasse est encore énorme. En gros, elle représente trois mille fois le poids de l'espèce humaine. Après avoir été surexploitées pour fabriquer du papier, les forêts du Nord (Europe et Amérique) sont stabilisées. Des lois favorables ont même suscité un début de reboisement (au total 2 millions d'hectares par an pendant les années 80). Par contre, la déforestation tropicale est un scandale planétaire, une insulte à la vie, une irresponsabilité dangereuse. Elle met en péril le patrimoine biologique, c'est-à-dire la diversité des espèces, diversité que nous ne connaissons même pas encore, puisque les estimations varient entre 5 et 30 millions, et que seul 1,4 million a été répertorié. Au rythme où nous allons, nous risquons de n'avoir même pas le temps de connaître celles qui sont en train de disparaître. Elles seront mortes avant que nous ayons pu les recenser.

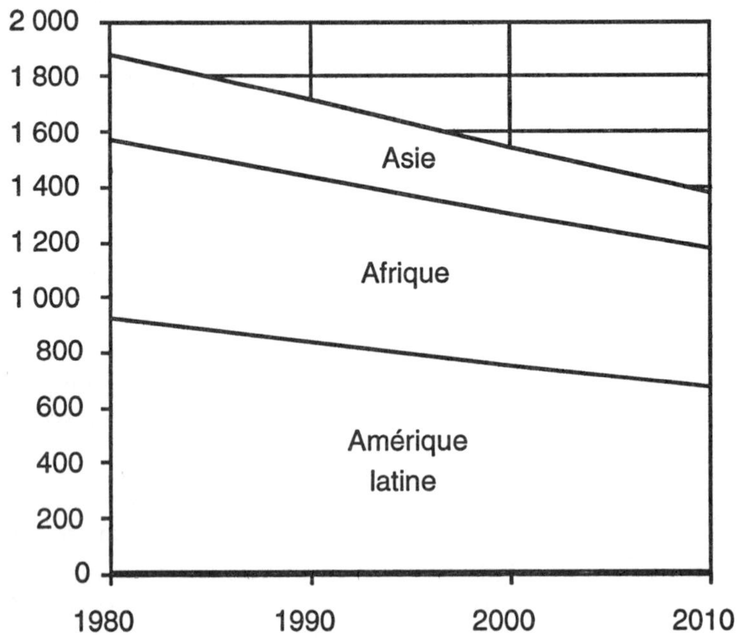

La forêt tropicale : prolongement de la tendance 1980-1990.

17 millions d'hectares de moins par an.
À ce rythme, elle serait épuisée en 2091 !

Les causes de ce crime sont bien identifiables. Elles ne datent pas d'hier. Haïti, Madagascar, les Philippines étaient entièrement boisées il y a un siècle. Elles ne le sont presque plus. L'exploitation industrielle est passée. Au Brésil, une loi donne la propriété du terrain[1] à celui qui déboise ! On ne peut pas imaginer meilleur pousse au crime. Revenir sur une telle législation est bien difficile pour un gouvernement local, d'abord préoccupé de sa réélection, et souvent financé par des lobbies d'exploitants.

La surexploitation forestière

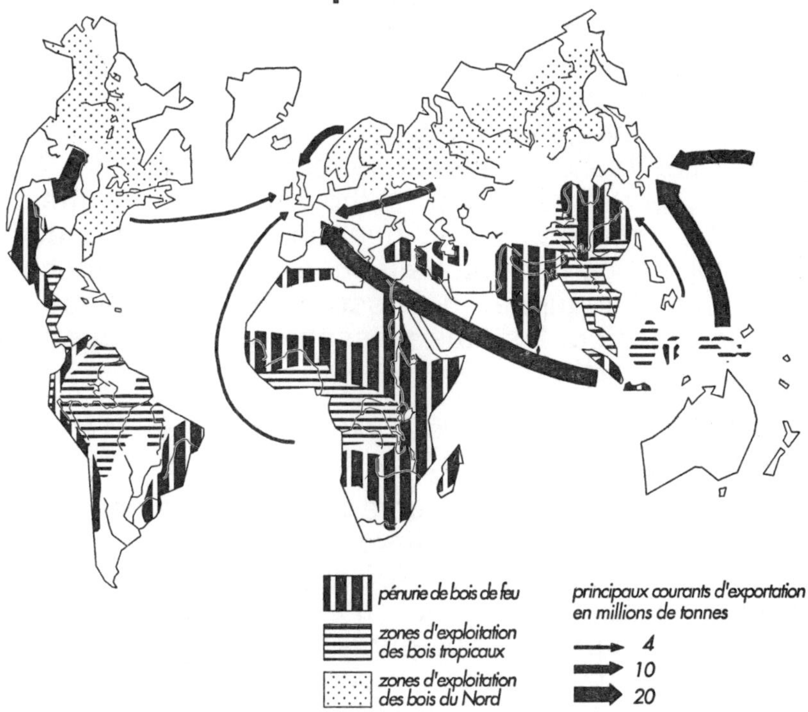

Ce cas montre bien l'urgence de dépasser le cadre des États nations. Il n'est même plus possible de procéder

1. Y compris pour le dessous (Mines).

par négociations, en donnant des contreparties aux autorités locales pour qu'elles préservent le patrimoine écologique. Il faut, sur certains sujets, une législation mondiale, et les moyens exécutifs musclés de l'imposer. Les États-Unis interviennent bien contre les parrains de la drogue en Colombie ! Biologiquement, il s'agit d'un délit comparable, plus grave peut-être, car il met en cause une tranche de vie plus vaste, bien que méconnue.

D'autres questions sont moins évidentes. Que penser du phénomène météorologique qu'on appelle, en Amérique du Sud, *El Niño*[1] ? Il s'agit d'une dépression s'étendant à travers le Pacifique du Pérou à l'Océanie, accompagnée de pluies torrentielles d'un côté et de sécheresses de l'autre, empêchant la remontée de courants sous-marins nourriciers d'où la côte péruvienne tire des pêches miraculeuses. Mais quelle en est la cause ? Les taches du soleil, le réchauffement de l'effet de serre, la déforestation ? L'homme y peut-il quelque chose ? La réponse à ces questions est suspendue à la connaissance et la modélisation des relations océan-atmosphère, laquelle, dès ses débuts, mobilise les moyens de calcul les plus puissants pour des résultats encore incertains.

Pour montrer, sur un aspect particulier, la diversité des arguments qui entrent en jeu, voici le cas de l'eau.

L'eau n'est pas une ressource rare. Océans compris, la planète comprend 1,4 milliard de km^3 d'eau, soit 300 millions de m^3 par habitant (un cube de 700 m de côté). Néanmoins, toute cette eau n'est pas immédiatement disponible ; la plus grande partie est soit salée, soit polluée. On sait dessaler et dépolluer, mais cela coûte de l'énergie. Dans les civilisations agraires, les cités se sont installées volontiers au bord de l'eau, sur la mer ou sur les berges des fleuves. Depuis une trentaine d'années, le tourisme suscite une migration vers les

1. Il a sévi en 1941, 1951, 1957, 1958, 1977 et surtout, de manière catastrophique, en 1982.

côtes ensoleillées, qui se poursuivra au siècle prochain. Autrefois, de grandes cités lacustres s'étaient aussi épanouies. Mexico, la plus grande ville du monde, est la descendante de Texcoco, construite sur un lac. Prochainement, elle manquera d'eau. Le développement intensif finit par saturer les ressources les plus généreuses. Dans le tiers monde, l'eau manque. Istanbul et Alger ont dû subir des rationnements, et les sécheresses réduisent à la misère les paysans du Sahel ou de l'Inde. Au Moyen Orient, où les grands fleuves traversent les frontières, on parle déjà d'une guerre de l'eau.

Dans les pays développés, des difficultés apparaissent aussi. Le désert australien s'accroît. Même l'Europe au climat si tempéré a connu, dans les années 80, à la fois des sécheresses et des inondations excessives. Le Middle-West américain surexploite sa nappe phréatique et commence à peler comme une peau de bison. Peut-être les dramatiques inondations du Mississippi en juillet-août 1993, qui ont coûté plus de dix milliards de dollars, aideront-elles ce pays viscéralement libéral à sortir de son imprévoyance en consacrant un minimum de moyens aux infrastructures. Le cours des grands fleuves doit être aménagé. Il y faut des barrages de retenue capables de faire face aux crues séculaires. Le président Roosevelt, dans sa politique de relance (le New Deal) pour tirer le pays hors de la crise de 1929, avait créée la Tennessee Valley Authority, pour équiper le fleuve Tennessee. Ne serait-il pas logique d'en faire autant pour le Mississippi ?

L'eau est devenue une question universelle. L'immensité des océans ne suffit plus à diluer les pollutions : on a retrouvé des traces de DDT dans la graisse des pingouins du pôle Sud, à des milliers de kilomètres des épandages d'insecticides. Cela peut paraître invraisemblable, car la dilution doit logiquement réduire à des proportions infimes la teneur en produits toxiques. Mais, dans certains cas, les êtres vivants, tout au long de la chaîne alimentaire, reconcentrent ce qui avait été dilué. C'est ainsi qu'au Japon, à Minamata, les habitants ont été intoxiqués par du mercure rejeté en mer, donc très dilué par les courants, puis reconcentré tout au long de la chaîne alimentaire, jusque dans les poissons qu'ils mangeaient. Désormais, chaque pollueur, où qu'il soit, commet un délit planétaire.

L'eau est aussi une source d'énergie. Avec la nécessité de limiter l'effet de serre et les restrictions à la prolifération du nucléaire, l'énergie hydraulique, celle des grands barrages, va reprendre du service. Ces dernières décennies ont déjà vu la réalisation d'opérations titanesques, telles que Itaïpu au Brésil et la baie James au Canada. Mais les grands projets causent aussi de grands dégâts. Les cas du barrage d'Assouan et de la mer d'Aral[1] doivent servir de leçon. L'ébriété technocratique y a fait des ravages.

Le programme « jardin planétaire » vise au contraire une prise de position équitable, qui respecte la nature tout en bâtissant un aménagement productif. D'ores et déjà, il devra mettre à l'étude l'aménagement hydroélectrique de l'Himalaya, des Andes et de l'Afrique. Le « toit du monde » constitue un emplacement exceptionnel à tous égards : l'ampleur des ressources, la qualité de la civilisation tibétaine et la sympathie qu'elle inspire au monde entier, la diversité et la richesse du milieu naturel. L'Inde et la Chine vont chercher à développer leur économie. Elles manifestent déjà clairement l'intention de le faire. Elles vont donc accroître leur besoin d'énergie. Soit elles utilisent le charbon, qu'elles ont en abondance, et accroissent l'effet de serre et la pollution, soit elles passent au nucléaire, avec tous les inconvénients que cela présente en termes de sécurité et de prolifération, soit elles se tournent vers d'autres sources, en premier lieu desquelles se trouve l'hydraulique himalayenne. Mais si cet aménagement est seulement fait dans le but unique de produire de l'électricité, il sera catastrophique, comme Assouan. Il faut qu'il soit conçu

1. Dans l'ex-Union soviétique, c'était le plus grand lac du monde (environ 300 km de diamètre) il a diminué de 40 % entre 1960 et 1990, par suite d'un programme abusif d'irrigation des champs de coton.

avec une certaine hauteur de vue, comme un ensemble intégré, comme une détermination volontaire et délibérée d'une vocation nouvelle pour cette région, qui ne peut en aucun cas être traitée comme un simple gisement d'énergie. La même question se pose en Amérique du Sud pour le massif andin et en Afrique, même si les besoins potentiels en électricité y sont moins immenses.

La mise en place de programmes est loin d'être seulement une question technique. Partout, elle rencontre des idées toutes faites, et souvent aussi une lourde histoire. En Inde, le fleuve est sacré. Les rationalistes sont surpris et même inquiets de voir les pèlerins se « purifier » dans un liquide si chargé en toxiques et en microbes. Le film de Satiajit Ray, *L'Ennemi public*, montre la vivacité de l'affrontement entre un médecin indien moderne, représentant la rationalité scientifique, et la superstition locale. Le médecin a diagnostiqué une pollution. Les traditionnalistes sont saisis d'une indignation hystérique à l'idée que l'eau de la source sacrée puisse être néfaste. Il voulait sauver les pèlerins. Ils le calomnient et en font un « ennemi public ». Au Cambodge, les cultures en terrasses nécessitent une irrigation très particulière et délicate à entretenir. Les Khmers rouges, jugeant les façons de faire traditionnelles trop peu « révolutionnaires », ont décidé de remplacer à leur manière, c'est-à-dire brutalement, la technique millénaire par des procédés plus modernes. Malheureusement, on ne peut traiter ainsi à coups de serpe un système complexe sans qu'il se venge. Il eût fallu, pour entretenir les nouvelles irrigations, que le tiers de la population cambodgienne soit sur place, au travail, en permanence. La modernité toute relative des Khmers rouges n'a jamais fonctionné. En désespoir de cause, ils firent appel aux techniciens soviétiques. Ce fut un désastre, et le Cambodge essaie tant bien que mal [1] de remettre sur pied l'irrigation d'autrefois, restaurant le savoir millénaire qui l'avait portée.

1. Avec l'aide du GRET.

Un peu de technique éloigne de la nature, beaucoup y ramène. Le programme « jardin planétaire » part de l'idée que l'avènement du nouveau système technique s'accompagne d'une réconciliation de l'homme avec la nature en général, et avec sa propre nature en particulier. La biotechnologie, avec la découverte du code génétique, a montré l'unité profonde de la vie « de l'amibe à l'éléphant ». Les sciences cognitives montrent ce qu'ont en commun les processus de formation de la conscience. L'éthologie montre la ressemblance de nos comportements avec ceux de nos frères animaux et démonte leurs origines communes. La question du vivant sort de l'état spéculatif pour entrer dans le champ de l'expérimentation. Les discours vont enfin pouvoir être étayés par des faits. Les questions vont surgir de difficultés techniques.

Le jardinage planétaire est l'accomplissement de la techno-nature. Commencée il y a dix mille ans, avec l'agriculture et la domestication, ce processus de projection dans la nature d'un ordre intérieur à l'homme atteint maintenant la planète entière. Les dernières grandes forêts sauvages (l'Amazonie, l'Afrique centrale, la Malaisie) seront, au mieux, transformées en réserves naturelles, au pire exploitées, voire désertifiées à la fin du siècle prochain. De toute façon, elles seront sous la garde de l'homme, donc intégrées dans la technonature. Le dernier espace de chasse et de cueillette, les océans, y entrera à son tour par la voie de l'aquaculture et par la limitation concertée des pêches, seule capable d'éviter la disparition de certaines espèces. Partout, ce n'est plus d'exploitation, mais de sauvegarde dont on se préoccupe. On limite les droits de prédation (chasse et pêche), on poursuit les destructeurs, on négocie avec les populations agricoles la modération de leur exploitation.

Quel est le but d'un tel programme ? La protection ne suffit pas à le définir. Faute d'une vision claire de l'avenir, la plupart des mouvements dits écologistes ont fonctionné de manière passéiste, comme si la nature devait être mise au musée, préservée à tout prix des actions humaines, par principe suspectes. Le concept de jardinage est bien différent. Il prend acte de la responsabilité de l'homme, admet que la nature est profondément transformée par son action, et pose comme objectif la qualité de cette action de l'homme sur le monde. La perspective, à très long terme, n'est-elle pas que nous partions vers d'autres soleils, accompagnés d'écosystèmes entiers domestiqués ? Comment pourrions-nous le faire si nous passons notre temps à nous interdire d'agir sur la nature, sous prétexte qu'on ne sait jamais, il vaut mieux être prudent ? Il nous faudra apprendre la biologie, comme nous avons appris la mécanique, par essais et erreurs. Stabiliser un écosystème complet est beaucoup plus difficile que de contrôler une machine. Le vivant est indocile, imprévisible et rusé. Il apprend et surprend. Ce que nous connaissons de l'art des jardins n'est qu'une infime partie de la tâche qui se présente devant nous.

Le jardinage de la vie nous concerne personnellement. Il inclut en effet les méthodes pour se maintenir en bonne santé. Il nous renvoie donc au fonctionnement intime de notre corps, de nos sens et de notre intelligence. Sa difficulté est sans commune mesure avec ce que l'esprit humain a jusqu'à présent maîtrisé. Après quoi, il nous pose la question des chimères, des êtres manipulés génétiquement. Il nous demande pourquoi et nous somme de répondre. Enfin, il nous pose une question sociale, celle de l'avenir des agriculteurs. Comment une catégorie si importante, qui avait vocation à nourrir l'espèce humaine tout entière, et se considérait donc comme la base de la société, peut-elle se transformer sans souffrir ? Les paysans s'espéraient encore, plus ou moins consciemment, dans un rapport de force avec ceux qu'ils alimentent. Leur fonction nouvelle, gardiens de la nature, requiert un savoir plus vaste, une fibre artistique, un don pour l'accueil... des qualités de charme et de négociation, en même temps qu'une grande culture scientifique.

Il faut surtout se demander comment pourrait se construire une rationalité moderne de la gestion des espaces naturels, inspirée des mêmes idées directrices sur l'ensemble de la planète. Car, même si l'inspiration mythique et les traditions sont ici et là, différentes, il n'en reste pas moins que ce sont partout les mêmes phénomènes physiques et économiques qui sont à l'œuvre. Ils doivent être étudiés avec soin dans toutes leurs conséquences. Le cas du Cambodge montre que les risques d'un délire technocratique sont loin d'être écartés. Il faut que prévale partout un principe de réalité reflétant la précision des instruments modernes de mesure, utilisant aussi les résultats de la science pour le bien du public. Le moyen d'arriver à ce résultat n'est pas de créer une autorité mondiale, chargée de prendre en main une gestion « rationnelle ». C'est au contraire de constituer un réseau international d'agences, à la manière de celles qui ont été crées en France pour l'eau il y a une vingtaine d'années. Ces organismes — un par bassin hydrographique — mesurent les ressources en eau et les pollutions, ils perçoivent des taxes, prélevées sur les entreprises et les particuliers qui consomment ou polluent (principe pollueur-payeur), et utilisent le produit de ces taxes pour aider à des investissements économiseurs ou dépollueurs, ou encore pour promouvoir les technologies « propres ». Ce sont en quelque sorte des missionnaires d'une certaine idée de la raison, et en même temps étroitement liés au terrain, adaptés aux mentalités locales, avec lesquelles ils négocient en permanence. Les seuls éléments qui puissent être centralisés sont la formation des personnels, le financement des recherches et des banques d'informations audiovisuelles sur les espèces vivantes et les espaces naturels.

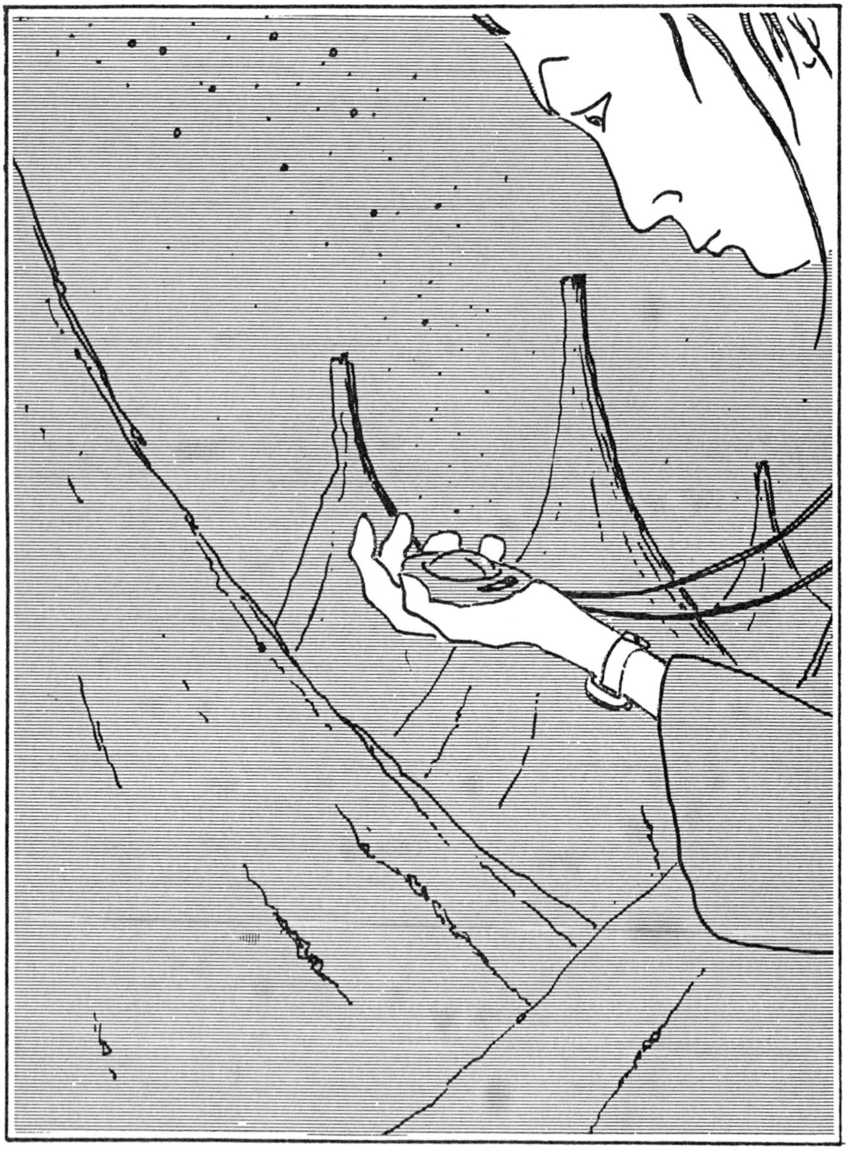

7. Communication :

Communication minimale, les systèmes de secours utilisent la couverture radiotéléphonique mondiale et le positionnement par satellites. Miniaturisés, ils sont portés en permanence assurant à tout moment et en tout lieu la protection de la population.

Communication : un réseau pour tous

L'infrastructure de communication est le système nerveux du monde futur. Actuellement, seuls les pays développés ont un équipement téléphonique touchant l'ensemble de la population, soit environ cinquante lignes pour cent habitants. Il en résulte que l'économie de la plupart des régions de la planète est hors jeu des échanges et ne peut valoriser ses immenses talents. La conscience mondialiste prend du retard, et les particularismes peuvent réactiver leurs intransigeantes agitations. Il faut donner corps au « village planétaire ». Dans n'importe quel endroit du monde, y compris dans la forêt ou sur mer, chacun doit pouvoir appeler n'importe quel correspondant et être appelé en cas d'urgence au moyen d'un radiotéléphone miniaturisé portable. Une infrastructure puissante et fiable de télécommunications est la condition du développement des petites entreprises, donc de la prospérité économique et du maintien de la démocratie. Ce programme comprend, en plus des « lignes » téléphoniques, un ensemble de services d'information, non seulement les services publics de première nécessité (transports, annuaires — à quand l'annuaire mondial ! — secourisme), mais aussi des bases de données pour l'étudiant, le consommateur, l'artisan et les autres professionnels des villages transnationaux en cours de constitution.

Ce que nous appelons économie procède de la circulation, condition de l'échange. Les collectivités rurales traditionnelles vivent pour l'essentiel en autarcie. Par rapport à la production, la circulation n'y mobilise qu'une faible part des ressources, sans doute moins d'un cinquième. Avec l'industrie, les proportions s'inversent. La plus grande part circule et passe par le marché, le reste est autoconsommé. Même à la campagne, les exploitations concentrent leurs activités sur quelques produits et, pour le reste, on achète sa nourriture au marché. On quitte le système autarcique, et la mentalité repliée sur elle-même qui l'accompagne. Les hommes, qu'ils le veuillent ou non, deviennent interdépendants. Ils sont obligés de se parler. Ce changement de civilisation, qui fait irrésistiblement l'unité de l'espèce humaine, ne s'est pas accompagné immédiatement du développement des télécommunications. Celle-ci est d'abord restée entre les mains des notables, limitée à quelques pour cent de la population. Ceux-ci sentaient sans doute instinctivement à quel point leur position privilégiée serait remise en cause par le dialogue du peuple avec lui-même. Pendant quelques décennies, en effet, les pouvoirs ont résisté. Ils ont d'abord mis sous bonne garde les installations télégraphiques, puis nationalisé les compagnies téléphoniques [1] et veillé à ce qu'elles n'aillent pas trop vite équiper le public. Enfin, ruse suprême, ils ont encouragé la diffusion de la télévision dans tous les foyers, espérant confusément mettre les spectateurs sous influence, en leur faisant digérer en permanence informations et spectacles aseptisés et normalisés, qui ne les concernent pas personnellement, faisant règner une irréalité de bon aloi jusque dans les familles.

Même si certains gouvernements résistent encore, cette époque est désormais révolue. On sait qu'il va falloir passer à une communication décentralisée, d'abord le téléphone, puis les réseaux numériques, enfin le visiophone qui donne à chacun des possibilités de communications privées aussi riches en image et en son que la télévision. D'autre part, la transmission de l'écrit par fax, minitel ou courrier électronique, ainsi que d'autres services nouveaux, transforment progressivement le courant des échanges. Des phénomènes inconnus surgissent inopinément, telle la déstabilisation mondiale des bourses en 1987. À cause de la communication moderne, on ne peut déjà plus raisonner sur l'avenir dans les mêmes termes qu'autrefois. Non seulement les certitudes s'évanouissent, mais les concepts vacillent. On sait que tout sera autrement, mais on ne sait pas encore très bien dire comment. C'est le moment de faire preuve d'audace et d'oser parier sur l'avenir. Pour comprendre ce

1. En France, la nationalisation des télégraphes et téléphones date du 14 juillet 1889, le jour du centenaire de la Révolution française : un comble !

monde étrange qui nous attend, je propose quelques idées simples : d'abord la distinction entre la communication centralisée (la télévision, la radio...) et la communication décentralisée (le téléphone, le fax...). La première est porteuse de pouvoir, la seconde, au contraire, de micro-initiative et des fonctionnements de la société civile. La structure politique s'en ressent : après l'installation du téléphone, on voit les pouvoirs centraux décliner, et les municipalités, les régions et les corps intermédiaires prendre de l'importance. Cela s'explique fort bien, par un phénomène mécanique : l'engorgement du centre et la paralysie aux extrémités amènent naturellement les acteurs à contourner l'autorité, non par esprit d'indiscipline ou de révolte, mais simplement pour pouvoir faire ce qu'ils ont à faire. Les hommes proches du pouvoir sont atteints d'irréalité. Très peu sont capables de prendre conscience qu'en accumulant des responsabilités qu'ils n'ont pas le temps d'assumer, ils paralysent, par l'effet des attentes inutiles qu'ils engendrent, le fonctionnement des institutions dont ils ont la charge. Il en est de même dans les entreprises. Pour la même raison, les structures centralisées, à mesure que les communications modernes se développent, deviennent moins performantes que celle qui sont décentralisées. Les grands groupes industriels, alors, constatent la fin du taylorisme et se fractionnent en unités à taille humaine.

Dans ces conditions, en quoi consiste un programme mondial de communication ? D'abord, pour les deux décennies qui viennent, à connecter au réseau téléphonique mondial les pays et les régions qui ne le sont pas encore. Pour préciser les choses, il y a dans les années 80 environ 600 millions de lignes téléphoniques dans le monde, et 800 millions de téléviseurs pour un peu plus de 5 milliards d'habitants [1]. Mais elles sont très inégalement réparties. On peut distinguer, en gros, trois catégories de pays :

- Les plus équipés, soit plus de 40 lignes pour 100

1. Voir les cartes p. 88 et 89 ci-dessus.

habitants. L'Europe, les États-Unis, le Japon, les « dragons » orientaux.

- En cours d'équipement, soit autour de 10 lignes pour 100 habitants (le niveau dit de la glasnost). L'Europe de l'Est, l'Afrique du Sud, l'Amérique du Sud.

- Sous-équipés, soit moins de 5 lignes pour 100 habitants. La Chine et l'Inde (à eux deux 40 % de la population mondiale), l'Afrique.

Remarquons en passant les cas de l'Europe de l'Est, de l'Afrique du Sud et de l'Amérique du Sud. Ces trois régions, vers la fin des années 80, ont passé le cap des 10 lignes téléphoniques pour 100 habitants. Elles ont connu des processus de démocratisation parallèles. Alors que l'une se libérait de la bureaucratie communiste, l'autre renonçait à l'apartheid, la troisième se libérait de dictatures militaires « de droite ». De mon point de vue, ce n'est pas une coïncidence, mais bien une relation de cause à effet : le réseau permet de contourner les pouvoirs à l'ancienne. Par contre, quand le gouvernement chinois, centraliste depuis des millénaires, a voulu reprendre en main une situation qui lui échappait, il a pu le faire. Les terribles événements de la place Tien'anmen ne seront sans doute plus possibles quand, au début du siècle prochain, la Chine aura à son tour franchi le seuil des 10 lignes pour 100 habitants [1].

Pendant les deux décennies qui viennent, la planète est donc en transition. Elle entre dans l'ère de la communication, à mesure que le réseau téléphonique tisse sa toile. Le maintien de disparités accentue les écarts, perpétue les incompréhensions et accroît les risques de conflit. Le programme vise donc en premier lieu à accélérer la construction du réseau par-dessus les particularismes et les appropriations locales. Il est clair que

1. Le gouvernement chinois est en train d'accélérer le mouvement. Alors que le prolongement des tendances passées n'aurait pas atteint les 10 lignes pour 100 habitants avant 2020, il est maintenant possible que ce cap soit passé peu après l'an 2000. Alors, le dragon s'éveillera.

l'époque des « monopoles nationaux » se termine[1]. La compétition s'installe entre les opérateurs, alléchés par l'immensité de la manne. On voit déjà s'installer de petits racketts locaux dans les hôtels ou les aéroports aux États-Unis. Les opérateurs du câblage entrent en guerre contre les compagnies de téléphone, lesquelles s'allient aux informaticiens. On commence à sentir la nécessité d'une autorité régulatrice internationale, veillant au maintien d'une concurrence loyale.

Le niveau actuel des régions les plus équipées constitue seulement un palier, correspondant à la forme de tertiarisation intermédiaire que nous connaissons. Il est clair que la connexion ne va pas s'arrêter là. Nous allons vers des niveaux d'équipement d'une ligne par personne, portable de surcroît, par laquelle l'usager pourra gérer plusieurs communications simultanément (par exemple, consulter une base de données en temps réel pour fournir une réponse immédiate à son correspondant en ligne). Dès avant l'an 2000, il est probable que le téléphone que nous connaissons aura profondément changé. Ce sera un « communicateur personnel », transmettant à la fois la voix et une feuille de texte (sur écran à cristaux liquides) avec éventuellement des dessins en noir et blanc. Avec cet outil, deux interlocuteurs pourront travailler ensemble sur le même document, par exemple un contrat ou un dessin technique. Il sera portable et muni d'un répondeur incorporé, de manière à pouvoir enregistrer les messages même si l'on est absent, occupé ou en conversation avec un autre correspondant.

Ce serait une erreur de limiter le programme « communication » au seul aspect de l'équipement en lignes téléphoniques. Ce qui rendra possible en effet de nouvelles formes de démocratie, fondées sur la micro-initiative, c'est aussi la disponibilité de services publics, comme autrefois pour les transports, c'est-à-dire d'in-

1. Le projet Iridium de la société Motorola comprend un anneau de satellites autour de la terre, constituant un réseau planétaire par voire hertzienne complètement transfrontalier. C'est une manière radicale de remettre en cause les monopoles territoriaux.

frastructures d'information. On voit dès maintenant combien les métiers financiers sont transformés par l'accès immédiat aux cotations du monde entier. Le métier d'agriculteur l'est tout autant, car la connaissance des cours permet de contourner les intermédiaires et de réorienter sa production de la manière la plus rentable. Le métier d'enseignant le sera encore plus, par l'accès en temps réel à des documents pédagogiques audiovisuels pertinents [1] et à des logiciels de contrôle des connaissances. Mais les communications changent encore plus radicalement la vie pour les situations isolées ou critiques : la sécurité des personnes âgées, par exemple, mais aussi la sécurité en mer ou en montagne. Si la planète devient un lieu de promenade partout et pour tous, nous le devons aux communications modernes. La météo par satellite, la surveillance de l'état des récoltes et des pollutions, l'accès à toutes sortes d'informations utilitaires sur les voyages, la nature, les marchés, la documentation technique, vont transformer complètement notre manière de décider au quotidien.

Il ne faut pas, en cette matière, limiter non plus le raisonnement en adoptant un point de vue trop utilitariste. Ce qui est en jeu est d'une toute autre ampleur. Les échanges économiques ont eu pour effet de « briser la glace », en obligeant les humains à se parler par-dessus les particularismes et les frontières. Ils ont aussi, à cette occasion, créé de nouveaux êtres sociaux, les entreprises, dont l'activité se déploie maintenant sur le monde entier. Ce mode d'organisation des sociétés, succédant à la féodalité, présente des caractères plus

1. Aux États-Unis, le Président tente de lancer un programme de « New Information infrastructure », qu'il présente ainsi : « Je veux voir le jour où un enfant du Tennessee, revenant à la maison après la classe, au lieu de s'asseoir et de jouer au Nintendo, pourra brancher quelque chose qui ressemble à un Nintendo sur la bibliothèque du Congrès (la plus grande du monde). Il aura accès, non seulement à des mots, mais aussi à des images et à des graphiques animés présentés avec art et imagination de manière à capter son attention et répondre à sa curiosité de telle sorte qu'il puisse naviguer dans un océan d'information selon ce qu'il désire explorer à ce moment. »

modernes. Il est fongible, car les entreprises naissent et meurent. Il est relativiste, car l'employé n'est obligé à la subordination que pendant les horaires de travail, et dans le cadre limitatif des lois sociales. Demain, qu'en sera-t-il ? Comment imaginer le stade suivant, où les communications introduisent un facteur de rapidité et de délocalisation supplémentaire ?

La première idée qui vient à l'esprit est celle de l'autonomie. En réponse à la complexité, à l'hyperchoix qu'apporte la profusion d'information, les décisions doivent être de plus en plus décentralisées, jusqu'à l'individu lui-même. Les termes d'intelligence répartie, d'individuation sont autant de manières de désigner ce processus, dont la contrepartie est une exigence plus grande de fiabilité. Le fonctionnement des cercles de qualité en est le témoin. La subordination à l'ancienne n'est plus la régulation principale. Le travail se fait souvent en *free lance*. La relation entre le pouvoir et le talent, autrefois à l'avantage du pouvoir, change de pondération et devient à l'avantage du talent. À l'intérieur même de l'industrie, on redécouvre les valeurs artisanales, le goût de l'ouvrage bien fait, l'engagement et l'accomplissement de soi dans le métier. Simultanément, la taille des unités (en nombre de personnes) diminue. On peut parler d'un processus d'artisanalisation de l'économie.

À la réflexion, les perspectives qu'ouvre cette ère de la communication sont plus vertigineuses encore. Nous étions une espèce humaine divisée en tribus, jalouses chacune de son territoire, prêtes à lutter à mort pour le contrôle de ressources vivrières, énergétiques, ou autres. La mise en réseau du monde introduit la négociation partout. Nous devenons partie d'un tout organique, comme un neurone dans un cerveau, participant, chacun à sa place, à la constitution et au fonctionnement d'un être plus grand. Les organisations deviennent neuromimétiques, elles se structurent comme des populations de neurones. La question de la conscience se pose alors autrement. Chacun d'entre nous est un être conscient, mais on peut dire aussi qu'il participe imperceptiblement à la constitution d'une conscience planétaire, dont les flux d'information circulent dans cet immense réseau de communication. Cette évolution sera perçue par quelques-uns comme une perte de dignité et d'autonomie. Mais n'est-elle pas la condition de la paix et de l'équilibre avec la nature ?

8. Structurer les villes :

Les quartiers se structurent autour d'un réseau de circulation. Les rues sont couvertes et les transports en commun souterrains. Les piétons circulent en surface dans des jardins. L'organisation est comme le négatif du schéma actuel.

Structurer les villes

Les villes modernes sont devenues des broyeurs d'hommes, dont les banlieues invivables engendrent l'exclusion et la révolte. Elles sont comme hantées par la ségrégation et les rapports de force. Ce sont des lieux d'embouteillages monstrueux, où les pertes de temps se chiffrent en millions d'heures par jour, bien supérieures au temps de travail qu'il faudrait pour les aménager. Elles deviennent des espaces dangereux, où l'insalubrité, la délinquance et les maffias gagnent du terrain. Il faut donc restructurer les grandes villes du monde, avec une architecture adaptée aux vrais besoins de l'homme, que l'éthologie permet d'évaluer, des transports en commun puissants et fiables (métro souterrain ou aérien...), des réseaux interurbains rapides (autoroutes et TGV mondial), des réseaux d'eau, d'assainissement et d'électricité accessibles à tous. Il faut aussi créer de toutes pièces des villes nouvelles tout équipées, à une échelle suffisante pour absorber l'excédent mondial des migrants ruraux. Certaines de ces villes seront bâties dans les régions rendues plus habitables par le réchauffement dû à l'effet de serre (Canada, Scandinavie, Sibérie..), d'autres dans des régions où se trouvent de grandes richesses naturelles, mais actuellement peu peuplées (Australie, Afrique centrale, Amérique du sud).

L'implosion urbaine est actuellement ce qu'il y a de plus inquiétant dans l'évolution de l'espèce humaine. Autour de Mexico, du Caire, de Bombay, de San Paolo et de Los Angeles, ont poussé d'immenses banlieues, peuplées de ruraux poussés par le besoin, foyers de pauvreté, d'insalubrité et de délinquance. Au XIXᵉ siècle, une situation comparable était apparue en Europe. Après l'alerte de 1848, la réaction de la classe dirigeante a été logique, comme mécanique : la structuration. Haussmann a transformé Paris en moins de vingt ans (structuration de l'espace), et Jules Ferry, poursuivant l'œuvre de Victor Duruy, a mis en place l'enseignement « laïque, gratuit et obligatoire » (structuration des esprits), pendant que, dans les pays voisins, Bismarck et la reine Victoria menaient des politiques tout aussi énergiques.

Pour l'époque, ce double mouvement structurant a suffi. Il a même réussi au-delà de toute espérance puisque, malgré deux guerres mondiales, l'Europe a connu le siècle le plus prospère de toute son histoire. Dans l'organisation de l'espace urbain, ce mouvement s'est traduit par la construction de voies assez larges pour accueillir les automobiles, qui n'étaient pas encore inventées. La mise en place des réseaux (eau, gaz, assainissement, électricité) constitue la base de la nouvelle géométrie urbaine.

C'est donc en programmant les flux de matière, d'énergie et demain d'information que se construisent des espaces accueillants et prospères, en lieu et place de bidonvilles insalubres. Le mouvement consistant à prévoir les fonctionnements, de manière à les inscrire à l'avance dans la pierre et le ciment s'est poursuivi. Avec l'habitat social après la Seconde Guerre mondiale, il franchit une étape supplémentaire. Sans doute, le résultat est moins heureux qu'au siècle dernier, mais il va plus loin quand même. Haussmann n'avait fait que repousser la pauvreté dans les banlieues. Les HLM prétendaient régler aussi la question des banlieues et, pour cela, donner un logement décent à tous, en misant sur la baisse des coûts de l'industrialisation. En fait, ce mouvement a transposé des processus de rationalisation coloniale. Son échec ne remet pas en cause le principe de la pro-grammation. Seule la façon de faire était défaillante, au point qu'il fallut détruire à l'explosif des constructions de seulement trente ans d'âge, dont le béton, s'il avait été modelé avec talent, aurait pu tenir des siècles.

Pour comprendre l'évolution urbaine, il faut la regarder de haut. L'architecte grec Doxiadis avait observé que la croissance d'une ville ressemblait étrangement à celle d'un cancer. Même forme de tache et aussi mêmes prolongements, comme des métastases. Cette métaphore est utile, même si elle est difficile à accepter. Le cancer n'est-il pas un dérèglement de la reproduction cellulaire, une autorisation de proliférer sans contrainte. Il se définit par un manque : la déficience d'une régulation, l'oubli d'une information donnant les limites de l'environnement.

On peut aussi comparer la ville à un corail, squelette externe dur sécrété par un animal mou. Ces deux idées indiquent la direction de notre réflexion et du programme qui en découle. La ville est aimée ou haïe, elle ne laisse personne indifférent. Au-delà du bien et du mal, son être profond est d'ordre biologique. C'est une expression de la vie. Et, parce que dans la vie gît une souffrance, nous en sommes angoissés. Parce que la vie est source de beauté, nous l'aimons. Une cohorte de techniciens a cru pouvoir rationaliser la ville. Les dessins de mégapoles titanesques des années 60 sont restés dans leurs cartons. Depuis, les cités ont crû. Il y aura vingt-cinq villes de plus de sept millions d'habitants en l'an 2020. Elles auront absorbé la population des campagnes : la moitié de l'espèce humaine sera urbanisée vers 2005. Ce n'est pas avant 2020 que la densification des communications permet de commencer un mouvement de desserrement des villes et de reconquête de l'espace rural.

Le moment critique de l'évolution d'une ville est sa structuration. On peut comparer cette métamorphose — le passage d'une juxtaposition anarchique de constructions individuelles à un ensemble ordonné — avec celle de l'œuf qui vient d'être fécondé. Au début, il se reproduit à l'identique avec une espèce de force explosive. Il se démultiplie aux dépens de la matrice qui l'abrite. Après quoi, dans une seconde phase, les organes commencent à se différencier. Le fœtus se forme. On distingue une colonne vertébrale, une tête, des membres... Les circulations s'établissent. Dans les grandes cités contemporaines, nous assistons à une évolution semblable. La population en excès commence par s'accumuler dans des bidonvilles, constructions sauvages et proliférantes qui se démultiplient avec une force vitale primitive, en même temps que ses habitants pauvres vivent aux dépens des richesses avoisinantes. Après, vient une période de tensions et de désordres. C'est l'affrontement entre la société officielle, avec ses constructions, ses règles et sa police, et la société des sauvages urbains, obligés, par leur situation, de considérer la ville comme une jungle et d'y inventer de nouveaux moyens de survie.

La transformation de Paris au temps d'Haussmann est caractéristique de ce type d'évolution. Les terrains occupés par les pauvres sont rachetés par des promoteurs, à des prix satisfaisants pour les vendeurs, mais évidemment très inférieurs à la valeur que permet d'en tirer l'opération d'aménagement. Les infrastructures sont alors construites, des immeubles neufs s'élèvent, et le quartier est absorbé par la ville officielle. Les anciens occupants sont, soit intégrés dans le circuit des emplois créés par l'investissement, soit rejetés vers la périphérie. Haussmann imposait quelques règles géométriques simples aux constructeurs, et des exigences de qualité pour l'architecture des façades. Il a transfiguré Paris en moins de vingt ans. Son œuvre constitue encore une référence après plus d'un siècle. Et si l'on observe ce qui s'est passé récemment au Brésil autour de la baie de Rio, où le béton a pris la place des favellas, ou bien ce qui est en cours dans le centre de Manhattan, où une série de « blocs », dégradés et squattés sont rachetés par des promoteurs japonais, on voit bien à l'œuvre un processus semblable.

Il ne s'agit pas ici d'ériger en modèle une stratégie qui aboutit à expulser les plus défavorisés au profit des nantis. Mais il faut bien constater ce caractère conquérant, en quelque sorte irrésistible, de la ville organisée. Car, sans doute, derrière le mécanisme financier, autre chose est à l'œuvre, quelque chose de plus profond, d'ordre biologique. Si la structuration finit par s'imposer, c'est parce que nous autres humains le désirons. Elle ne pourrait triompher comme elle le fait si personne n'était là en fin de course pour acheter, louer et habiter ces constructions. Si nous le désirons, c'est parce que, quelque part, l'ordre est porteur d'un sens qui nous met en relation avec notre destin.

Ce sens, c'est celui de la techno-nature. Il est dans la vocation de l'espèce humaine d'exporter son ordre intérieur, de l'imprimer dans l'environnement. Ce faisant, il remplace la nature par une techno-nature, placée sous son contrôle, exprimant au-dehors les schémas de son esprit. L'agriculture fut le premier mouvement de domestication et de mise en ordre de la nature. On sème en ligne. Au fil des millénaires, l'ordre humain se répand. Désormais, nous sommes bien plus entourés de technique que de nature. Cet ordre monte et se déploie par degrés successifs. Le village est plus « techno » que la ferme primitive, la ville plus que le village, le quartier de la Défense plus que le Paris de Haussmann. À chaque stade, un niveau d'organisation est atteint, par la prise en charge de nouvelles fonctions, l'intégration d'un degré supplémentaire de complexité. Quand la ville moderne prend possession du bidonville, c'est un pas de cette évolution qui s'accomplit. Aussi suis-je amené à penser la structuration urbaine comme inévitable, parce que inscrite dans le rôle biologique très particulier de l'espèce humaine. Ce qui ne diminue en rien l'urgence de porter secours à ceux qui pourraient en être victimes, ni la nécessité de compenser les préjudices subis.

À mesure que des fonctions plus complexes sont assumées par le système urbain, la définition préalable d'infrastructures de circulation devient plus importante. Lors de la constitution des organes du fœtus, la circulation sanguine et le système nerveux, circulation d'information, conditionnent le reste de l'organisation. Il en est de même pour les villes, et l'on peut attribuer la plupart de leurs dysfonctionnements actuels à l'insuffisance des réseaux (transports en commun, électricité, téléphone, eau, assainissement, voirie...).

Paradoxalement, le premier élément du programme ne concerne pas les villes elles-mêmes, mais leurs relations. Prenant acte de l'unification de la planète, intervenue à la fin des années 80 avec l'ouverture des pays de l'Est, il faut maintenant penser le réseau de transport mondial interconnecté. Plus précisément, il faut établir rapidement des projets provisoires, destinés à être renégociés dans les détails avec les autorités locales, soit :

• Un schéma autoroutier mondial, couvrant non seulement les pays actuellement développés, mais aussi l'Europe de l'Est, la Chine, l'Inde, le Moyen-Orient, l'Indonésie, l'Amérique du Centre et du Sud. Au XXIe siècle, les randonnées intercontinentales deviennent usuelles. On va par autoroute d'Amsterdam à Pékin, et du Cap à Vladivostok. Un plan d'ensemble est indispensable pour faire comprendre aux pays et aux villes qui sont sur la route tous les avantages qu'ils auront à cette interconnexion générale.

• Un schéma directeur des trains à grande vitesse. La structuration urbaine se construit, non plus en tache d'huile, mais autour de transports collectifs. Il se constitue, dans les régions les plus peuplées, des chapelets de villes, à quelques centaines de kilomètres les unes des autres, liées entre elles par des transports rapides. Les lignes TGV interconnectent des ensembles autrefois séparés (Paris et Londres), construisant un système économique porteur de développement. Il faut, là aussi, penser à un schéma directeur mondial, car seule une vue d'ensemble cohérente peut donner un sens et déclencher les décisions d'investissement. Ce schéma aura en plus le mérite de faire apparaître les questions restées sans réponse, du fait des anciens cloisonnements. Par exemple, en Afrique, si l'on imagine une ligne côtière d'Abidjan à Lagos, en passant par Accra, Lomé et Cotonou, soit cinq pays différents, dont trois francophones et deux anglophones, on pose nécessairement en profondeur la question des nécessités du développement face aux particularismes et aux prérogatives des bureaucraties locales.

• En outre, tous les modes de transport devront nécessairement être interconnectés. À ses débuts, le métro parisien avait été volontairement construit séparément des voies ferrées, en refusant l'interconnexion. Il était alors promu par des ingénieurs dissidents, qui voulaient se libérer de l'emprise des chemins de fer. Après trois générations, leurs idées furent oubliées, et la construction du réseau express régional fut l'occasion de reconstituer la connexion, comme si une cicatrice se refermait. Maintenant, nous en sommes à la mondialisation du métro. Les vingt-cinq mégapoles, et aussi d'autres cités moins grandes, devront nécessairement en être équipées. Il faut observer aussi que les aéroports sont, dans la plupart des pays, fort mal desservis par les transports en commun. Le tournant est pris désormais, et l'on s'apprête à construire, non seulement des raccordements au métro, mais aussi des gares de TGV dans les aéroports. L'ordre de grandeur des circulations devra donc nécessairement changer, allant même jusqu'à plusieurs dizaines de milliers de voyageurs à l'heure. Il est donc logique d'étudier, non seulement les interconnexions, mais aussi la construction de cités souterraines en dessous de pistes d'atterrissage. Là seront peut-être les plus grands urbanismes souterrains.

Le second élément du programme concerne la législation. Le droit de construire est fondé sur des concepts d'une époque révolue. La propriété du terrain, sorte de droit sacré, plonge ses racines dans l'agriculture. Le propriétaire du sol est encore maître « du dessus et du dessous ». Seuls le droit de circulation aérienne et le droit minier viennent timidement mordre ses prérogatives. Aussi la conception des villes est-elle prismatique. On définit une emprise au sol, à partir de laquelle il est autorisé de construire, à une hauteur et à une profondeur calculée selon les règlements d'urbanisme. L'espace, dans ces conditions, n'a pas trois dimensions, il en a deux plus une, ce qui est très différent. Les quelques emplacements où les villes utilisent les possibilités des trois dimensions sont, soit des cités spontanées anciennes, comme la casbah d'Alger, soit des zones faisant l'objet d'une emprise et d'un aménagement global, telles que des grands magasins, ou encore le trou des Halles au centre de Paris. Là, on trouve des circulations obliques, des liaisons sur plusieurs niveaux, des délimitations d'espace non parallèles aux faces d'un cube... et une qualité de paysage plus attractive. Or, si l'on considère les extraordinaires possibilités techniques qu'offrent les structures suspendues, ne reposant au sol que sur quelques points, il devient évident que la législation bride la créativité. Non pas délibérément, mais parce que, héritant d'habitudes mentales d'un autre temps, elle n'a pas encore été repensée dans la perspective de la techno-nature.

Voici, par exemple, le genre de question que l'on peut se poser : une des solutions évoquée pour se débarrasser de la plaie qu'est la pollution automobile consiste à construire des circulations souterraines. Si l'on pousse cette idée plus loin, on peut imaginer que le domaine public actuel (les rues, les voies ferrées...) soit recouvert, et que les constructions et la végétation se situent au-dessus, à partir du niveau du premier étage actuel. À la limite, on aurait une ville en négatif : les parties actuellement construites seraient taillées en espaces collectifs de gradins piétonniers, avec des cours, des jardins et des commerces, alors que les rues seraient recouvertes par des constructions reposant sur des voûtes ou des dalles. Cette vision rejoint l'idée des « terrains artificiels » de l'architecte japonais Kikutake, les cités souterraines avec leurs transports en commun, horizontaux et verticaux, les possibilités de bâtir au-dessus des gares et au-dessous des aéroports... voire des constructions suspendues entre des gratte-ciel.

Ces nouvelles ouvertures du droit de construire — qui s'accompagneraient aussi d'un droit international de l'expropriation, de l'utilité publique et des enquêtes d'impact — ne sont pas évoquées ici pour défendre les intérêts de la corporation des promoteurs. Ils sont un moment de l'apprentissage collectif, qui doit nous rendre capables de résoudre les problèmes des mégapoles. Si les énormes masses de population flottantes du début du siècle prochain ne trouvent pas de cadre d'intégration, elles se tourneront vers le pillage et la destruction. La classe dirigeante, face aux difficultés, sera obligée de réaliser des structures urbaines intégrées. Elle sera amenée à construire, dans les régions du monde réchauffées par l'effet de serre (le Canada, la Sibérie, la Scandinavie) des complexes agro-urbains de plusieurs millions d'habitants, programmés à l'avance avec toutes leurs fonctions, produisant l'essentiel de leur subsistance, conçus pour assimiler, presque automatiquement, en douceur, les excédents de population des banlieues des mégalopoles.

Pour faciliter cette évolution, on pourra jouer avec la règle d'intégration des formes. Cette règle, valable pour tous les produits de l'industrie, est la suivante : à ses débuts, un objet technique est construit comme une juxtaposition d'éléments séparés, correspondant chacun à une fonction différente. Sur une automobile des années 1900, on peut quasiment lire les fonctions en la regardant : les garde-boue, les pare-chocs, le chassis, les portes, les phares sont des éléments distincts, assemblés les uns aux autres, exprimant chacun leur rôle avec force. Au fur et à mesure que les générations se succèdent, l'objet devient plus « rond ». Il est de moins en moins évident de discerner la spécialisation de ses parties. Le garde-boue et le pare-chocs se fondent, les phares s'y intègrent, la coque porteuse sert à la fois de chassis et d'habitacle, tout tend à fusionner. Il en est de même dans l'habitat, mais le mouvement y est plus lent. La salle de bains de la fin du XXe siècle est encore faite d'une juxtaposition d'objets séparés, et cette séparation est confortée par une sorte de lotissement de la technique, sur lequel les corps de métier s'accordent. Il y a le territoire du peintre, celui du plombier, celui du carreleur... Seul un passage à l'industrialisation complète peut permettre à cette intégration de s'exprimer. En construisant des maisons en usine, transportées sur le site par dirigeable, on peut repenser le produit et son mode de fabrication. Si l'on veut une salle de bains étanche et lavable, pourquoi ne pas polymériser du plastique sur une structure gonflable, avant de construire le reste de la maison autour, au lieu d'amener des appareils sanitaires dans une structure déjà faite. En poussant le raisonnement plus loin, on intègre aussi les principaux meubles à la construction de départ, la décoration et les réseaux (eau, assainissement, électricité, téléphone). La maison terminée est plus légère, plus résistante, et surtout beaucoup moins coûteuse, car la coordination des corps de métier a été économisée.

9. *Humanisme industriel :*

Les équipements de télétravail permettent aux personnes agées ou handicapées d'exercer des activités de conseil, d'assistance, d'information, d'une manière adaptée à leurs possibilités.

Humanisme industriel

L'automation et la communication vont permettre aux entreprises de s'établir dans leur véritable rôle : elles sont la forme de socialisation de l'avenir, succédant aux formes anciennes, le village et la tribu. En conséquence, elles doivent donner du travail à tous ; permettre le meilleur déploiement des capacités créatrices de chacun ; faire place à l'innovation, au design et à la création artistique ; servir le client dans les meilleures conditions de qualité et de fiabilité ; adapter les objets aux vrais besoins de l'homme, y compris ceux des enfants, des malades, des handicapés et des personnes âgées ; maintenir partout une compétition qui incite chacun à donner le meilleur de ses possibilités ; combattre la confiscation et les comportements maffieux ; préserver la liberté de créer des entreprises nouvelles, concurrentes de celles qui existent. Le respect de chacune de ces finalités nécessite un cadre juridique international solide, qui établisse les entreprises (associations, fondations...) comme sujets de droit, limite les ententes et positions dominantes, fasse obstacle aux manœuvres corporatistes, assure à chacun le respect des engagements de ses partenaires, maintienne un droit d'innover, définisse les conditions de la mort des entreprises et institue un cadre comptable mondialement normalisé. Dans un monde de petites entreprises artisanales, organisées en réseau, il faut des infrastructures appropriées. En particulier, on ne peut pas espérer que les six millions de mots du nouveau système technique soient maîtrisés par les artisans et leurs clients (consumérisme) sans des services collectifs leur permettant d'accéder chacun aux informations et aux inventaires techniques, aux moyens d'essai et de mesure, aux contrôles de qualité et aux résultats de la recherche technique de pointe. L'expression de la créativité populaire est suspendue aux conditions pratiques d'accès à ces données, foisonnantes et complexes.

Le mot industrie signifiait autrefois l'ingéniosité avec laquelle l'homme résolvait les problèmes pratiques.

Était industrieux celui qui s'activait efficacement, déployait une technique appréciée de ses contemporains. Ce sens originel s'est estompé sous le poids des excès. Les effets conjugués de la concurrence et de l'esprit de géométrie ont mis au carré la production, réquisitionnant les individus sous prétexte de mieux les servir. L'organisation taylorienne a décomposé le travail en gestes répétitifs et déqualifiés. Le chronométrage a surveillé ses gestes au millimètre et au dixième de seconde près. Cette inscription dans le social du système technique ancien, fondé sur la machine, combinaison d'énergie et de matière, est à juste titre ressentie comme une déshumanisation. L'homme était assimilé à un objet et traité comme tel. Il est significatif que les premières réalisations de la robotique industrielle aient, spontanément, simulé des bras humains. C'est que le travailleur, dont le robot prenait la place, était, aux yeux de l'entreprise, réduit à la condition d'un bras mécanique... avec en plus des états d'âme dont on se serait bien passé.

L'avènement du nouveau système technique transfigure l'industrie, la renvoie vers son sens originel. Fondé sur la communication, le calcul et le respect de la vie, il subordonne la production au sens. Rien ne peut plus se faire sans des acteurs motivés, sans que l'action prenne sens aux yeux de ceux qui la mènent. En même temps, les combinatoires se démultiplient, la complexité engendre l'hyperchoix, c'est-à-dire la perplexité. L'ouverture des possibles est-elle pour autant libératrice ? Ce n'est pas évident. Au temps des techniques agricoles, quand la terre était la base de ressources indispensable à la survie, on se battait pour elle. La force physique était alors la clef de l'organisation féodale. La raison du plus fort avait le dernier mot, juste tempérée par la codification des clercs. Avec la révolution industrielle, le rapport de force change, non pas dans sa nature profonde, mais seulement dans ses modalités. Il devient économique. Le territoire, enjeu d'appropriation n'est plus — ou plus seulement — la terre, c'est aussi, et surtout, le capital, la possession des équipements et de la rente minière.

On peut prolonger cette logique à la société du signe dans laquelle nous entrons. Le rapport de force met désormais en jeu le psychisme. Le maniement de la persuasion, au besoin clandestine, devient alors la clef des nouvelles oppressions. Les puissants cherchent à zombifier le peuple, en occupant son mental par des messages obsédants, des stars, modèles de pacotille, des associations d'idées préfabriquées. Le « prêt à penser » étouffe la pensée, et la nouveauté est traitée comme une déviance. Le nouveau territoire n'est plus — ou plus seulement — la terre comme au Moyen Âge, ou le capital comme au temps de l'industrie lourde, c'est le mental humain, dans lequel on s'implante comme en terrain conquis. Ce n'est plus une oppression, mais une domestication de l'homme par l'homme. Et les mangeurs d'âme espèrent bien qu'après deux générations, seuls quelques sauvages irréductibles résisteront encore. Après quoi leurs enfants finiront bien, croient-ils, par avoir, comme les autres, le cerveau laminé par le conformisme ambiant.

Cette vision ne manque pas de réalisme. On peut en trouver d'abondantes illustrations. Il est normal de la présumer juste, mais dans certaines limites seulement. Les rapports humains, en effet ne peuvent se réduire à des relations de domination, pérennisés à travers des transformations successives. On peut prendre le parti de ne voir que ces relations et trouver quantité d'arguments qui militent pour cette vision. Elle n'en reste pas moins un parti pris, celui d'un vieux système « victimaire » qui hante les croyances depuis quatre mille ans. De mon point de vue, une telle attitude, qui appauvrit l'homme, ne résiste pas à une analyse objective de l'évolution sociale, en particulier du rôle historique du système technique moderne.

Comme il a été dit, ce n'est pas le fait du hasard si, depuis la Révolution française, l'innovation et la prospérité économique, sa fille, se sont développées dans les pays où les droits de l'homme étaient, même approximativement, respectés. En effet, l'innovateur dérange. Personne ne désire sa venue. On lui rend grâce hypocritement après sa mort, parce qu'on ne peut pas faire autrement. Mais, sur le moment, il ose faire mieux et moins cher que les gens en place. Il perturbe le jeu des pouvoirs, l'équilibre des influences, le partage du gâteau préalablement négocié. Alors, si on peut l'empêcher de troubler le jeu, on le fait, et par tous les moyens car il menace des intérêts vitaux. Quiconque a côtoyé des industriels sait qu'ils ne craignent qu'une chose : la concurrence. Ils la craignent par-dessus tout. Donc si l'innovateur n'est pas protégé à ses débuts, il est inévitablement tué dans l'œuf. Les droits de l'homme, en tant que protection minimale, ont déjà permis l'éclosion de quantités d'innovations. La liberté d'installation aussi (loi Le Chapelier 1793, puis Acte unique européen 1992). Mais le droit d'innover peut encore faire bien des progrès.

D'autre part, l'ancien modèle d'organisation sociale, descendant du vieux tribalisme, c'était celui de la féodalité, puis des États nations, toujours attachés au territoire, base nourricière du système agraire. Le nouveau modèle, ce sont les entreprises, dont le territoire se définit tout autrement (la propriété des moyens de production, le savoir-faire, l'image...), car la base nourricière de l'économie a évolué. Par rapport à la logique tribale, les entreprises apportent deux nouveautés radicales. La première est l'acceptation de la mort. Une tribu, ou un État nation se pense éternel. Les entreprises sont toutes soumises à la législation des faillites et règlements judiciaires. La possibilité de disparition est prévue dès le départ et acceptée comme règle du jeu. Acceptant la mort, les entreprises sont plus près de la vie. Car, ce faisant, elles entrent dans la logique du vivant. La pression de sélection renouvelle et élague des branches mortes, à la différence des bureaucraties qu'on laisse survivre des décennies, même en coma dépassé. La seconde nouveauté est que l'employé n'appartient à l'entreprise que pendant la durée légale du travail, tandis qu'un membre d'une tribu l'est jour et nuit, de sa naissance à sa mort et au-delà. L'entreprise instaure donc une appartenance relative, elle institue la multi-appartenance. Brisant ainsi le carcan millénaire, elle introduit l'homme dans l'universel, le libère d'une dépendance ancestrale.

À chaque stade de l'évolution économique, un petit pas se fait vers la liberté. Au Moyen Âge, le servage était moins contraignant que l'esclavage. À la révolution industrielle, le salariat était moins contraignant que le servage. Maintenant, le travail à temps partiel, le *free-lance* et le développement des professions libérales sont des pas supplémentaires vers l'affranchissement. Il est vrai que subsistent des relations inégales et des rapports de force. Mais cela ne doit pas nous dissimuler la tendance générale : leur lente érosion, au profit d'une montée progressive de la liberté.

Le programme « humanisme industriel » consiste d'abord à tirer les conséquences de ce que l'entreprise devient la forme dominante de socialisation. Or, elle est encore, au contraire, celui de son exclusion. Il y a là un coûteux paradoxe, comme si les employeurs voulaient à la fois « le beurre et l'argent du beurre ». Ils définissent les postes de travail à leur convenance, en théorie, sans même regarder les humains. Après quoi, ils sélectionnent les « meilleurs candidats » disponibles, compte tenu de la modestie des rémunérations qu'ils sont prêts à consentir. Il en résulte de mauvaises relations et de médiocres résultats. Ils font semblant de croire que, si ça ne marche pas, ils pourront toujours licencier les responsables et embaucher d'autres. Mais ce ne serait que répéter le même scénario, avec d'autres acteurs, et qui ne connaissent pas encore les rôles. Si la vocation des entreprises est d'intégrer, il leur faut quitter leur allure sinistre et prédatrice, pour se décider à adapter le travail aux hommes, et non plus seulement les hommes au travail. On commence à voir des entreprises qui réussissent en employant des handicapés. D'autres attirent, soit les clients, soit les employés, par leur vocation humanitaire.

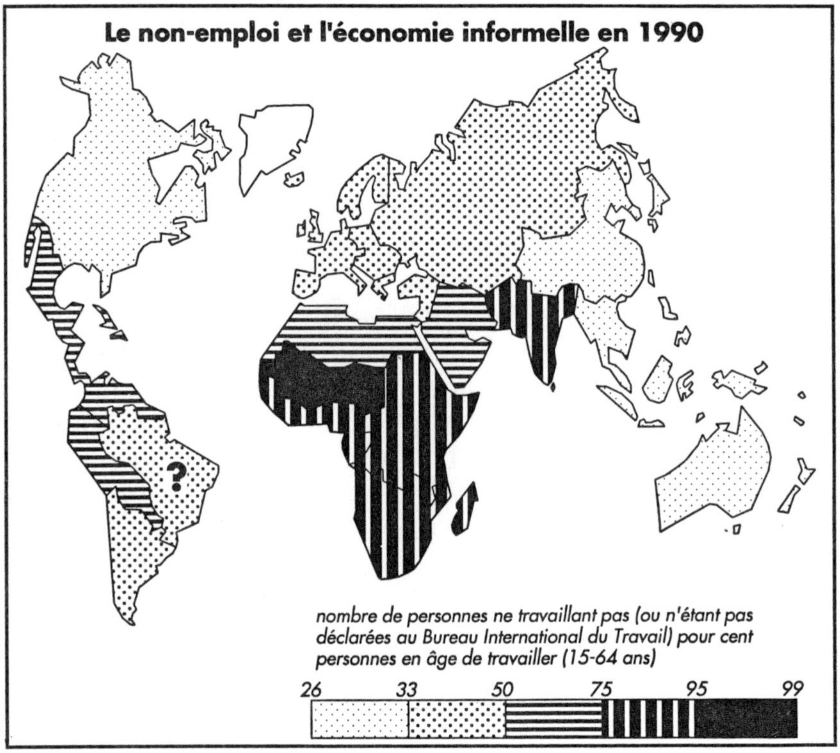

Adapter le travail aux hommes ne signifie pas que chacun fait ce qu'il veut et est en droit de réclamer tout en contrepartie de rien, comme un enfant gâté. Certaines professions en sont là, dans les pays riches. Des revendications corporatistes se sont multipliées, avec pour seule justification le pouvoir de blocage des grèves. Descartes écrivait : « Je pense, donc je suis. » Dans ce cas, c'est : « J'emmerde, donc je suis. » On existe par un chantage, selon, en fait, une logique maffieuse. Il ne s'agit certainement pas d'encourager de tels abandons de dignité. Bien au contraire, si l'entreprise a un rôle de socialisation, c'est en vue du service de la collectivité et d'un perfectionnement de l'homme. Elle est destinée à devenir un lieu d'enseignement et d'épanouissement des talents.

À cet égard, le rôle historique du système industriel peut être, à mon avis, résumé dans une formule : c'est le mode d'organisation sociale destiné à permettre à la créativité humaine de donner sa mesure. On oublie trop souvent que toutes les entreprises ont été petites avant d'être grandes, et que tous les produits ont été des nouveautés flageolantes et fragiles avant d'être des succès sur le marché. On voudrait avoir des pommes avant même d'avoir planté des pommiers. On voudrait la rentabilité sans avoir financé les tâtonnements, les risques et les dépenses à fonds perdus des premières années. On oublie aussi la condition nécessaire à l'apparition de l'innovation : que les nouveaux venus puissent accéder au marché et aux financements. Faute de quoi l'économie est, à plus ou moins long terme, condamnée à mort. Les ententes, positions dominantes, et autres manœuvres de confiscation des circuits commerciaux ou des crédits sont, si l'on y réfléchit bien, des survivances de l'ancienne mentalité tribale, s'exprimant sous forme plus ou moins maffieuse. Rien n'est plus étouffant, rien n'est plus contraire à la vraie vocation de l'industrie, celle de permettre l'expression économique de la créativité. *A contrario*, le cas de la Grameen Bank au Bangladesh montre bien comment, en surmontant les préjugés des milieux financiers, on peut recruter des entrepreneurs chez les plus pauvres. Or, en cette fin du XXe siècle, la planète manque plus d'employeurs que d'employés. Il faut en tirer les conséquences.

S'il est une discipline centrale où converge cette destinée de l'industrie, c'est bien le design[1]. Il vise en effet à réconcilier l'art et l'efficacité, l'ergonomie et l'économie, la qualité et la production de masse, la relation humaine et la fonctionnalité. Sa puissance de transformation est redoutée par les forces conservatrices. Les entreprises dominantes, les corporations de spécialistes, tous ceux qui ont consolidé leurs positions en se partageant le gâteau y voient une menace potentielle. Les enseignements du design ont été persécutés,

1. Voir le catalogue *Design, miroir du siècle*, APCI-Flammarion.

aucune recherche de grande ampleur n'a été possible. Et pourtant, c'est la voie de réconciliation de l'homme et de l'industrie, au centre du programme d'humanisme industriel. Il suffit de constater les insuffisances de l'environnement des personnes âgées, l'inadaptation du matériel scolaire, les incohérences entre les mœurs des différents peuples et les produits de l'industrie de masse, la mauvaise qualité esthétique et fonctionnelle des objets de tous les jours. On a l'impression que le monde — notre monde — est un brouillon. La techno-nature doit être redessinée, avec une approche globale, éthologique, plus attentive, plus sensible et plus humaine. Il ne faut pas craindre le consumérisme. Il fait progresser. Comment espérer que les agents économiques se perfectionnent si personne ne leur demande de mieux faire ?

Ces constats m'amènent à dire que la plupart des politiques économiques de cette fin de XXe siècle sont suicidaires. Partout, on manque plus d'employeurs que d'employés, mais que fait-on pour l'entrepreneur qui démarre ? Même là où on prétend défendre l'entreprise, il s'agit de la défense du lobby des entreprises existantes, déjà instituées, bien en place et résistantes à l'innovation, et non pas du verbe entreprendre et de la création de nouveautés. D'ailleurs est-il vraiment possible, pour tous les agents, d'entreprendre dans l'entreprise ?

Les politiques économiques protègent les forces dominantes, les tenants d'un passé dépassé, et laissent tuer les germes du futur. Elles financent des recherches théoriques, des enseignements formalistes, privilégiant la discipline et la répétition, au lieu d'aider les plus audacieux et les plus contestataires. Elles encouragent le conformisme et la servilité au lieu de la création, les forces de mort au lieu des forces de vie.

Pour qu'il en soit autrement, il faut de bonnes infrastructures : des bases législatives d'abord, qui limitent les ententes et positions dominantes (lois anti-trusts), fassent obstacle aux confiscations corporatistes et maintiennent la liberté d'entreprendre, protègent la propriété intellectuelle des individus et établissent les droits d'accès à l'information des usagers sur les produits qui leur sont vendus et leur condition de fabrication. Il faut ensuite des infrastructures technologiques[1], qui mettent à la disposition du public, et particulièrement des petites entreprises, les moyens nécessaires pour accéder aux techniques modernes. Comment espérer qu'un artisan s'y retrouve dans l'univers foisonnant des matériaux, des colles, des composites, si l'information n'a pas été au préalable mise en forme adéquate et accessible, et si des conseils techniques et des moyens d'essai ne sont pas mis à sa disposition. Le fabricant de matériaux y contribue, bien entendu. Mais il ne s'intéresse qu'aux gros acheteurs. Dans la complexité actuelle, le jeu normal de l'offre et de la demande ne suffit pas à clarifier les connaissances techniques. De nouveaux métiers sont devenus nécessaires au bon fonctionnement cognitif de l'économie.

Plutôt que des politiques d'« ajustement structurel », les gouvernements s'orienteront vers des politiques d'innovation. Plutôt que de soutenir les *raiders*, les milieux financiers encourageront les créateurs d'entreprises. Car tout excès de prédateurs menace l'écosystème d'une ruine complète et définitive.

1. On peut se référer, par exemple, aux 165 laboratoires régionaux japonais, qui ont pour mission, chacun dans leur préfecture, l'information et le soutien technique des petites entreprises.

10. Solidarité et partage

Économiques, les dirigeables de transport permettent d'assembler industriellement des constructions — une maison, un bloc hospitalier, une usine — et de les acheminer facilement dans les zones isolées.

Solidarité et partage

L'exercice de la solidarité, s'il est convenablement soutenu par des lois et des financements appropriés, peut devenir une expression de l'activité humaine aussi reconnue, diverse et créative que celle de l'économie de marché. Le mode d'organisation qui convient pour ces activités est celui de quasi-entreprises. Autrement dit, ce sont des personnes morales reconnues, autonomes, obligées, sous peine de disparaître, d'équilibrer leurs recettes et leurs dépenses, mais n'ayant pas pour but principal le profit. En raison des finalités collectives qu'elles prennent en charge, elles peuvent être destinataires de ressources fiscales ou parafiscales, avec une certaine liberté de choix du contribuable donateur, introduisant une forme atténuée mais stimulante de concurrence. Par ailleurs, une grande infrastructure mondiale est à construire : celle du système de santé, ainsi qu'une chaîne mondiale d'organisations de solidarité, prenant chacune la forme la plus adaptée au lieu et aux modalités de sa mission.

Dans le monde qui se construit, la solidarité internationale est sans doute la manière la plus concrète et convaincante d'affirmer l'unité de l'espèce humaine. Des peuples entiers ont été secoués par le choc de la modernité. Les ethnocides sont partout, les famines font autant de morts que les guerres, et l'illettrisme handicape les capacités créatrices d'un bon tiers de l'humanité. Celui qui tend la main dit, par-dessus les distances : « Je suis toi. » Il prouve dans les faits qu'un lien invisible mais insécable l'unit aux plus déshérités. Ce faisant, il lutte contre le processus diabolique qui tend à séparer les humains les uns des autres.

Dans l'économie de marché, le succès se mesure à l'art de prendre. Dans entrepreneur, il y a preneur. Nous allons vers une restauration de l'art de donner, complémentaire de celui de prendre. Au soir de sa vie, l'homme se demande ce qu'il a fait. Celui qui a accumulé de la richesse sera peut être craint, mais sera-t-il longtemps encore respecté ? Oui si elle est la juste contrepartie de ce qu'il a donné au monde par la voie de ses créations et de son humanité. Non s'il n'a été que prédateur, capturant au passage des richesses créées et produites par d'autres.

Après une époque de production effrénée, dépassant largement les besoins des plus riches, vient le temps du partage. Déjà, les organisations non gouvernementales, pour la plupart caritatives, apparaissent sur la scène internationale comme une troisième force (les deux autres étant les États et les entreprises). Elles rappellent aux pouvoirs, quels qu'ils soient, leur devoir d'humanité.

L'inventaire des moyens de porter secours à son prochain est loin d'être clos. Et ceux qui ont le plus besoin d'aide sont sans doute ceux qui, ayant des moyens, ne savent pas — ou plus — comment laisser parler leur cœur. C'est pourquoi, au-delà des programmes techniques, il faut boucler la chaîne planétaire de la solidarité entre les hommes. La construction de ce réseau mondial, la diffusion de ses enseignements, la mobilisation des talents et des énergies est un programme en lui-même, ciment de tous les autres.

La solidarité s'exprime massivement à travers le système de santé. On comprend que les premières ONG internationales aient été médicales : la Croix-Rouge, Médecins sans frontières... Secourir les blessés, les malades, les affamés est le premier degré de ce mouvement, celui où la compassion parle en direct. On peut mesurer le progrès d'un pays, en termes de civilisation, à la qualité de ses hôpitaux et de ses cliniques mieux encore qu'en regardant son produit national brut.

Le programme « solidarité et partage » comprend donc en premier lieu la construction d'un système de santé mondial cohérent, convenablement équipé sur tous les continents, et offrant à tous les mêmes droits aux soins, où qu'ils se trouvent. Ce seul aspect met déjà en jeu des moyens considérables, puisque, dans les pays les plus développés, les dépenses de santé sont supérieures aux budgets des États.

On ne peut pas dire que les matériels médicaux soient absents du nouveau système technique. Ils sont au contraire prétexte à performances. Chacun a pu admirer, à la télévision, les merveilles de l'imagerie médicale, le rendu des couleurs du scanner ou la mosaïque changeante de l'activité cérébrale. Mais ces spectaculaires prouesses contrastent avec le traitement quotidien du malade ordinaire dans un hôpital moyen. Entouré de personnel surchargé, il est traité comme une chose. On parle de son corps devant lui comme s'il n'entendait pas. On le soulève sans ménagement. Il est devenu un morceau de matière.

Paradoxalement, la spécialité où la technique moderne excelle, la communication, reste atrophiée. La télésurveillance des malades est réservée aux cas urgents, la téléconsultation de spécialistes par visiophone a seulement commencé en Scandinavie. Le maniement électronique de l'information (aide au diagnostic et à la prescription, gestion de dossier médical et des formalités d'assurance maladie...) est à portée, et pourrait rendre d'immenses services. En somme, on recherche la difficulté, mais on omet de faire ce qui est facile et à portée de la main. Sans doute, il est plus valorisant de se pencher sur l'image d'un scanner que sur le circuit de nettoyage du linge hospitalier ou les instruments qui permettraient de donner un bain confortable aux personnes âgées.

La technique sert à mettre en valeur les performances des spécialistes. Elle y perd son âme. Cela montre à quel point l'usage des technologies dépend des jeux d'intérêts. La solidarité nécessite des configurations institutionnelles étudiées de telle sorte que les intérêts particuliers des acteurs aillent dans le sens de la finalité générale. Dans ce cas, il est clair que le patient doit avoir son mot à dire et rester libre du choix de ses soignants. Mais il faut aussi éviter qu'il y ait une médecine pour les riches et une autre pour les pauvres. D'où un circuit complexe de paiement, qui crée une bureaucratie et encourage la surconsommation de médicaments. D'où la nécessité de contrôles performants et d'une informatique conviviale.

Le programme « solidarité et partage » comprend ensuite un réseau d'organisations permettant aux sentiments de solidarité des personnes de s'exprimer naturellement par-dessus les frontières et les clivages ethniques et sociaux. Il m'apparaît clairement que le seul moyen opérationnel de donner naissance rapidement à un tel réseau est une exonération fiscale qui permettrait aux particuliers et aux entreprises de déduire de leurs impôts les sommes consacrées à cette finalité.

Il faut aussi à ce programme un volet juridique, qui élimine les obstacles que les lois locales dressent encore à l'exercice de la solidarité entre les individus. Un aspect : l'adoption d'enfants de populations défavorisées ou meurtries. La notion d'entreprise doit être étendue. Actuellement, les personnes morales sont, soit à but lucratif, auquel cas elles doivent « faire de l'argent », soit à but non lucratif, et alors elles ne doivent pas en faire. Il y a là une faille logique. On fait comme si le service collectif interdisait d'être rentable, alors que, calculée dans certaines conditions, sa rentabilité est une mesure de sa qualité.

11. Système judiciaire mondial :

Les atteintes aux droits de l'homme et les litiges industriels relèvent de cours internationales. La procédure de jugement est accélérée par téléaudience.

Système judiciaire mondial

Le principe de territorialité du droit a vécu. Il faut y renoncer et procéder, en même temps qu'on les internationalise, à une radicale simplification des législations et des procédures. Il est de moins en moins possible de lutter contre les maffias, la drogue, les escroqueries, les malfaçons et contrefaçons, ni d'arbitrer les litiges d'entreprises dans un cadre strictement national. Tout en respectant les droits locaux, qui reflètent l'âme des différents peuples, il faut des procédures d'appel vers des tribunaux internationalement reconnus, et une législation minimale commune (protection des droits de l'homme et de l'environnement), un droit international des entreprises. Tous les citoyens du monde doivent être effectivement en mesure d'accéder à des recours internationaux contre les excès de pouvoir, les oppressions et les spoliations qu'exercent encore ici ou là des puissants abusifs, qu'ils soient publics ou privés.

Le respect des lois et de la dignité des magistrats est l'indicateur central de qualité d'une organisation sociale. Les grands penseurs politiques, Machiavel comme Montesquieu, l'ont fait observer il y a déjà plusieurs siècles.

L'internationalisation à laquelle nous assistons rend cette question plus pertinente encore. L'indépendance du pouvoir judiciaire permet de mesurer l'état de la séparation des pouvoirs et de la démocratie. Après la Seconde Guerre mondiale et la décolonisation se sont installés des régimes politiques autoritaires, dans les pays de l'Est et dans les pays en développement. Les abus et l'impunité des dirigeants sont devenus énormes et visibles. Des situations scandaleuses se sont établies, soutenues par la complicité d'intérêts occidentaux. Au début des années 90, la notion de « devoir d'ingérence » s'est imposée. C'est une première remise en cause, encore bien timide, de ce pourrissement. Mais elle perpétue sans le dire, à l'échelle mondiale, un état de confusion des pouvoirs. Quand les Nations unies s'établissent comme exécutif en organisant des opérations militaires, dans le Golfe, en Somalie, en Bosnie ou au Cambodge, et à la fois comme législatif par les résolutions du Conseil de sécurité sur ce qui devrait être, en Palestine par exemple, et aussi comme judiciaire en décidant des sanctions à prendre contre les manquements de l'Irak[1], elles légitiment par leur exemple même la confusion des pouvoirs. Au lieu de se faire porteur de justice, elles entérinent la faiblesse mondiale du judiciaire.

Et cependant, s'il est un pouvoir à internationaliser en premier, ce n'est pas l'exécutif, toujours tenté d'abuser de sa force, mais bien le judiciaire. Tout le monde a besoin d'une justice qui fonctionne par-delà les frontières : les particuliers, comme le montre le cas des enfants de couples mixtes (algéro-français...) divorcés ; les créateurs, pour protéger la propriété artistique et intellectuelle (voir, par exemple, le procès de la lambada et les multiples difficultés que la contrefaçon crée aux industries de luxe) ; les entreprises, de plus en plus transnationales, qui ne savent pas à quel arbitrage se vouer en cas de litige commercial ; ceux qui luttent contre le grand banditisme et se trouvent paralysés par des lois locales qui permettent aux truands de jouer à chat perché.

La voie de la technologie est sans doute ce qui permettra de poser et de résoudre le retard général du judiciaire de la manière la plus expéditive. Les techniques d'information en effet ne sont pas neutres. Elles portent en elles des méthodes de recherche de données, des comparaisons rendent possibles les contrôles en temps réel et la téléprésence. Autant de sujets qui touchent le fonctionnement intime de l'appareil judiciaire. Si l'on réfléchit à la justice en termes de sciences cognitives, il apparaît qu'elle est un immense système de perception, dans lequel l'information remonte, selon des processus

1. Sans consulter la Cour internationale de La Haye, qui devrait être le judiciaire attitré des Nations unies.

normalisés. Les termes mêmes d'enquête et de procédure disent le caractère informationnel de la justice. On comprend que le traitement d'information à la vitesse de la lumière soit pour elle un choc culturel. C'est aussi sa planche de salut. La délinquance ne l'a pas attendue pour l'utiliser.

12. Fiscalité incitative et juste :

Le fonds fiscal international permet d'assurer un revenu pour le travail d'entretien de la nature combinant les connaissances ancestrales des agriculteurs avec une formation scientifique en matière d'environnement.

Fiscalité incitative

La fiscalité du siècle prochain ne peut plus se fonder sur les mêmes principes qu'actuellement. Elle est obligée de s'internationaliser, pour respecter une égalité des chances des acteurs économiques. L'harmonisation fiscale entre les États, déjà en cours, est un facteur puissant d'évolution. Elle entraîne derrière elle une harmonisation des comptabilités, des déclarations, et un travail de traduction en toutes langues menant à une simplification des impôts usuels. En plus, dès lors qu'on se trouve dans un univers de petites entreprises, avec une télématique généralisée, la technique fiscale doit aussi s'adapter dans ses modes de calcul, de prélèvement et de vérification. Mais le changement le plus important concerne les principes sur lesquels s'appuie l'impôt. Ils ne peuvent plus être, comme par le passé, exclusivement régaliens. Il leur faut entrer dans l'âge de la rationalité. Autrement dit, justifier l'existence de chaque contribution par les effets qui en sont attendus, non seulement du côté des rentrées fiscales, mais aussi par l'incitation qu'elle imprime aux acteurs économiques, et par les choix démocratiques qu'elle permet d'exprimer. Il faut donc imaginer une multiplication de financements parafiscaux d'agences (de l'environnement, des économies d'énergie, de la métrologie...) correspondant aux programmes précédents, et aussi un relatif libre choix du contribuable pour l'affectation du produit de certains impôts (à des organismes de solidarité humanitaire, d'enseignement ou de recherche technique...). Beaucoup de ces organismes et agences seront transnationaux.

La fiscalité est un sujet permanent de controverse. Elle touche directement l'intérêt des entreprises et des particuliers. Elle donne lieu à de multiples argumentations intéressées. L'habitude est de hausser le ton, plutôt que de chercher à s'entendre sur la définition d'une logique. De la confrontation des jeux d'influences des lobbies n'émerge pas la rationalité, pas plus que le combat des chefs ne suffisait à définir une société de droit. Il est donc bien difficile d'ouvrir un chemin à la raison dans cette forêt de discours tendancieux.

Néanmoins, l'harmonisation internationale des systèmes fiscaux s'impose comme un horizon nécessaire. La compétition économique ne peut être équitable sans cela. Et les arguments des entreprises protestant contre les distorsions de la concurrence ne peuvent pas être ignorés. Chaque année, le rapprochement progresse, petit à petit. Mais pour aller vers quoi ? Ce programme voudrait d'abord donner corps à une réflexion de fond sur la nature même de la fiscalité, et sa place dans la société.

L'observation attentive du comportement des entreprises montre à quel point leurs décisions sont en permanence guidées par une logique fiscale. En regardant le détail des opérations et la logique à laquelle elles obéissent, on a l'impression d'une distorsion de la valeur des choses causant une distorsion des comportements. Plus encore que la masse prélevée sur l'économie, c'est la déviation des décisions élémentaires qui semble le facteur dominant. Des flux considérables vont s'investir ici où là pour gagner quelques pour cent d'impôt.

Les systèmes fiscaux n'ont pas encore atteint leur maturité. Ils frappent les contribuables en proportion des richesses qu'ils créent (valeur ajoutée, bénéfices, revenus), comme le seigneur féodal allait chercher le grain là où il était entreposé. Comme l'impôt est, depuis des millénaires, une manifestation centrale de pouvoir, il s'est organisé en fonction du confort du pouvoir : comment prélever les sommes nécessaires avec le moins d'efforts possible et en surmontant le moins de résistances possible du côté des contribuables ?

Une telle logique valait pour l'entretien d'une caste militaire, préposée à la protection vigilante de l'agriculture contre les brigands et les envahisseurs. Elle ne vaut déjà plus dans le système industriel, et encore moins dans l'économie du signe où nous entrons. Il faut réinventer une fiscalité qui canalise les énergies créatrices vers des finalités légitimes, tant vis-à-vis des intérêts particuliers que de l'intérêt général. Une telle fiscalité est une pièce maîtresse de la politique d'innovation, permettant un dépassement effectif des idéologies socialistes et libérales.

La « neutralité » économique, qui fit le succès de la TVA, est une idée solide, s'appuyant sur une logique saine. Les auteurs de cet impôt, devenu maintenant la principale source de rentrées fiscales européenne, avaient observé que, avec les anciennes taxes sur le chiffre d'affaire, les entreprises concentrées verticalement payaient au total moins que celles, plus petites, qui n'occupaient qu'une portion de la filière. Par exemple, si le cimentier et le constructeur étaient deux entreprises séparées, la livraison de ciment de l'un à l'autre était taxée. S'ils étaient dans la même entreprise, ni vu ni connu. Avec la TVA, l'un paye, mais l'autre récupère. Il y a donc neutralité par rapport à la concentration verticale. Mais cette logique simple ne prévaut pas sans effort. La bataille fut rude, d'abord en France, puis en Europe. Encore maintenant les États-Unis, qui ont une tradition de défense de la petite entreprise, mais des lobbies puissants au service des grosses, hésitent à l'adopter.

La raison commande un principe directeur solide. Il faut restaurer la notion de contribution : ce qui contribue à la gestion de la planète. Chacun devra donc contribuer en fonction, non seulement des richesses qu'il produit, mais aussi des charges qu'il cause à la collectivité : consommations de ressources non renouvelables, émissions de gaz à effet de serre, pollutions, encombrements... De la sorte, les acteurs économiques seront incités à choisir les solutions techniques les meilleures pour la planète : carburant hydrogène, économies d'énergie, technologies propres... et à moduler leur occupation de l'espace selon les encombrements qu'elle engendre. La formulation du « principe pollueur-payeur » est tout à fait cohérente avec cette conception. Les théoriciens le justifient en disant qu'il internalise les déséconomies externes. Autrement dit, il rend chacun fiscalement responsable, vis-à-vis de la collectivité, des gênes qu'occasionne son activité. Mais, là encore, cette logique simple et fondée a du mal à prévaloir, même à l'échelle européenne, alors qu'elle est destinée à s'imposer dans le monde entier. Elle trouve en face d'elle un édredon d'inerties et d'intérêts en place, une collection de mercenaires menant de peu glorieux combats d'arrière-garde.

Le principe de contribution s'étend aussi bien au-delà de sa formulation « pollueur-payeur ». Car il faut aussi dire où va l'argent de ces taxes. S'il se perd dans les nomenclatures illisibles d'un budget national abscons, tout ce qui avait été gagné en clarté, en loyauté et en responsabilisation se trouve gâché par la caricature que constitue ce « pot commun » ridicule, dernier refuge des fantasmes de pouvoir d'une bureaucratie d'esprit encore monarchique. Pour qu'il y ait vraiment contribution, il faut que le contribuable sache à quoi il contribue, et que cela soit dans un rapport clair avec l'assiette de la taxe. Le modèle est bien celui des agences de bassin françaises. Le pollueur paye en proportion de sa consommation d'eau et de ses rejets, et cet argent va à une agence, chargée de financer des investissements réduisant les consommations d'eau et les pollutions. La logique est bouclée. Le même industriel, d'un côté paye, de l'autre se fait aider dans ses achats d'équipements de propreté, qui lui permettront de diminuer ce qu'il paye. L'incitation est triple, et d'autant plus efficace que l'agence ne reste pas inactive. Elle va le démarcher pour lui proposer de mieux faire.

Si l'on raisonne à l'échelle mondiale, comme c'est désormais nécessaire, de telles agences n'ont aucune raison de se limiter à un cadre national. Poussé à son terme, ce raisonnement mène à une fiscalité étagée. Elle comprend d'un côté des composantes géographiques : municipale, régionale, nationale et internationale ; de l'autre des composantes correspondant à des finalités clairement identifiées, autrement dit à des métiers de service public, tels que celui de la gestion des ressources en eau que nous venons d'évoquer.

On peut, à partir de ces prémices, poser quelques questions exemplaires : par exemple, l'aménagement des espaces naturels, autrement dit la transformation de la planète en jardin. Si l'on s'interroge attentivement sur la technique financière qui permettrait de rétribuer la fonction de jardinier qu'exerceront de plus en plus les agriculteurs, le parallèle avec les agences de bassin s'impose. Ce serait au moyen d'agences locales d'aménagement, alimentées par des taxes en rapport avec le poids des activités économiques sur l'espace naturel.

Autre exemple, qu'en est-il de l'éducation ? N'est-ce pas aussi un métier de service public, qui pourrait être financé par le canal d'agences, pour certaines au niveau local, pour d'autres au niveau mondial ? Ne ressent-on pas le besoin d'assouplir et de dynamiser ce métier-là, de le placer dans des conditions telles qu'il regarde vers l'avenir ?

Dans ces conditions, l'exercice de la démocratie suppose que le contribuable puisse exercer des choix. Les professionnels du fisc (et des budgets publics) sont en général très réticents quand on évoque la possibilité que les particuliers ou les entreprises décident de l'affectation de leurs impôts. C'est pourtant une pratique de plus en plus répandue (taxes du type 1 % formation), que les moyens informatiques modernes devraient grandement faciliter. Pourquoi ne pas permettre aux particuliers de financer par leurs impôts les opérateurs de service public non gouvernementaux (Amnesty, Greenpeace, Croix-Rouge...) et aux entreprises de financer la recherche et la diffusion de la culture technique, en déduction de leur fiscalité. Ainsi, par une concurrence discrète mais réelle, la qualité et le dynamisme de ces services s'amélioreront. En même temps, les contribuables auront la possibilité de prendre des décisions généreuses d'importance planétaire, et l'on pourra aussi mesurer, dans ces quasi-marchés, l'intérêt porté par le public aux différentes actions finançables. Dans cette perspective, le rôle des parlements et des administrations financières devra évoluer radicalement. Ce sera de moins en moins l'exercice du pouvoir à la place du contribuable, de plus en plus la définition d'un cadre lisible dans lequel le choix du contribuable pourra s'exercer.

Le treizième programme

On fera observer qu'il faudrait préciser encore davantage comment seront financés ces douze programmes. Leur situation est très variable. Certains peuvent produire des recettes suffisantes pour qu'un « tour de table » financier y trouve son intérêt. C'est le cas des grands barrages hydroélectriques. D'autres sont des services publics sans revenus. D'autres enfin sont mixtes, et ne peuvent être que partiellement autofinancés. En fait, tout dépend du futur système monétaire. La monnaie est désormais fiduciaire, c'est-à-dire fondée sur la confiance, mais le monde ne sait pas encore s'en servir.

Les « autorités » monétaires vivent dans la crispation. Elles restreignent la circulation, alors que le besoin de liquidités, dû à l'ouverture du monde au commerce, est de plus en plus manifeste. L'unification de l'Allemagne a déclenché un spasme monétariste. La demande allemande pour des capitaux d'équipement a déséquilibré le marché et obligé ce pays à maintenir des taux d'intérêts élevés, pour rester attractif. Ceci a contribué à entraîner dans la crise d'autres pays capitalistes, crise portant sur l'immobilier d'abord (marché sensible aux taux), puis sur l'ensemble de l'économie. En Europe, au début des années 90, la meilleure manière de faire de l'argent était de ne rien faire avec son argent (autrement dit, de le placer en monétaire). Ce fut une période d'anesthésie, alors que la situation demandait un regain de dynamisme. Il fallait des investisseurs, on privilégia les rentiers. Comme l'ouverture à l'économie de marché concerne maintenant non seulement l'Allemagne de l'Est, soit moins de vingt millions d'habitants, mais aussi l'ensemble de l'Europe de l'Est, la Chine et l'Inde, soit au total plus de la moitié de l'espèce humaine, il est temps de s'organiser pour satisfaire l'immense besoin de liquidités que représente cette immense chance.

Il faut mettre la monnaie au service de l'homme et non

pas l'inverse. Le système de Bretton Woods doit être renégocié. En assouplissant la convertibilité[1], il avait donné un ballon d'oxygène à l'économie des pays développés, et facilité la reconstruction de l'après-guerre. Mais la situation n'est maintenant plus tenable. Elle est devenue trop vulnérable aux rumeurs. Le crédit entraîne le crédit, et le discrédit accentue le discrédit. Dans ce monde conformiste, il faut un dévouement d'apôtre, comme celui de la Grameen bank[2], pour que des pauvres accèdent au crédit. Un fouillis de monnaies nationales, expression de particularismes archaïques, une dette permanente du tiers monde, des vagues spéculatives planétaires : le capital, prétendument triomphant, est comme une cargaison mal amarrée dans la soute d'un bateau. Il est en permanence sujet au mal de mer, pris de malaises et de vomissements qui jettent à la rue des millions de travailleurs, qu'ils soient qualifiés ou non. Piètre victoire ! Et comme tout cela paraît injuste et futile en regard du travail à faire : la construction du jardin planétaire.

Hélas, il semble bien que les particularismes nationaux s'accrochent. Les réformes, dans ce domaine se décident sous la pression de troubles spéculatifs, pour restaurer une confiance perdue dans un capitalisme erratique. Il est néanmoins nécessaire d'en prévoir l'aboutissement inévitable : une monnaie mondiale (ce qui n'exclut pas les monnaies particulières, d'États ou d'entreprises). Alors, le rôle de l'Institut d'émission planétaire à créer et du système fiscal associé sera le réglage du fonctionnement économique. Il devra d'un côté injecter suffisamment de monnaie (dans les grands programmes) pour réduire le chômage, et de l'autre ponctionner suffisamment de liquidités pour éviter les

1. Par l'étalon de change or *(gold exchange standard)* succédant à l'étalon or. Ce système n'était pas sans inconvénients, comme l'a observé Jacques Rueff, mais il a fonctionné.

2. Fondée par le professeur Yunus au Bangladesh, cette banque aux pieds nus va dans les villages apprendre à entreprendre aux plus entreprenants.

crises inflationnistes. Alors, par ces deux moyens combinés, cet Institut financera des réalisations rapides et saines. Ce sera un treizième programme, qui rendra possibles et facilitera tous les autres : un *système monétaire mondial.*

Conclusion

Le siècle prochain est celui où se constituera l'unité de l'espèce humaine. Parce que nous changeons de système technique, l'avenir ne peut plus être pensé comme prolongement du passé. Notre époque présente deux fonctionnements radicalement nouveaux, que l'homme n'a jamais connus, depuis les deux millions d'années qu'il existe.

Le premier est la faculté de communiquer instantanément d'un bout à l'autre de la planète. Dès le premier quart du prochain siècle, la communication devient audiovisuelle et touche aussi les peuples les plus défavorisés. Le seuil de dix lignes téléphoniques pour cent habitants est franchi avant 2020 pour la quasi-totalité des pays. Ce maillage rend la société civile incontrôlable. La notion même de pouvoir est à reconsidérer.

Après la société industrielle, nous entrons dans la civilisation cognitive. Or, à chaque état de la technique correspondent des formes d'organisation spécifiques : aux chasseurs cueilleurs la tribu, aux agriculteurs le village et la féodalité, à l'industrie la grande entreprise et l'État-nation. Dans le nouveau système technique, la forme usuelle de socialisation, c'est la petite entreprise et, pour les besoins collectifs, les associations [1], fondations, collectivités locales ou professionnelles. Toutes ces organisations sont construites et articulées selon les besoins cognitifs. Elles doivent équilibrer leurs comptes, sous peine d'être mises en faillite. Elles sont l'émanation de la conscience humaine, traduite en volonté. Chaque génération peut les créer, les animer, les supprimer, les remanier selon ses vœux.

1. Y compris les organisations non gouvernementales, au sens des Nations unies, telles que Médecins sans frontières, Amnesty ou Greenpeace.

Le second fonctionnement résulte de la perception des limites du monde et de la fragilité de la vie. Les dernières forêts sauvages sont menacées. La perspective de leur disparition engendre une angoisse. Après une époque de consommation débridée, les humains commencent à se sentir responsables. Ils cherchent à limiter les excès d'énergie, les pollutions, à préserver la faune, la flore et à soigner les blessures faites à la nature.

L'espèce humaine pratique de plus en plus la limitation des naissances. Elle stabilise sa démographie dans un peu plus de cent ans, autour de treize milliards, soit plus du double de l'effectif actuel. Ce sera le siècle du féminin. Les valeurs de préservation de la vie, d'harmonie et d'équilibre deviennent plus importantes que les anciennes valeurs masculines de conquête et d'autorité, cohérentes avec les périodes d'expansion sans contrainte de l'espèce.

Si l'homme prend définitivement la responsabilité de la nature, dont il est le jardinier, il la transforme aussi. Elle devient une techno-nature. Désormais, tout l'environnement est recréé. Il est de l'imaginaire incarné. La question de la technique se pose en d'autres termes. Il ne s'agit plus seulement de fournir des réponses utilitaires aux besoins particuliers, mais de réaménager des conditions favorables pour le déploiement de la vie sous toutes ses formes.

Ces deux caractères de notre époque, la communication instantanée et la fragilité de la vie, donnent naissance à une conscience planétaire. En même temps, ils appellent à une permanente re-création du monde, qui fait de l'innovation la question centrale de la maîtrise de cet avenir encore mal défini.

Toutefois, le scénario du siècle prochain n'aboutit à l'exercice de la liberté créatrice qu'après une longue marche parsemée de vicissitudes.

Dans un premier temps, c'est le désarroi de la société du spectacle. La réalité décolle, aspirée par la médiatisation et les univers virtuels. À l'hypervisibilité des uns répond l'invisibilité des autres : l'exclusion s'accroît. Les banlieues des grandes villes enflent sur tous les continents. Il n'y a plus des pays riches d'un côté et des pays pauvres de l'autre, mais des riches et des pauvres à cent mètres les uns des autres, sur toute la planète. La moitié de l'espèce humaine vit dans les villes en 2005, et l'urbanisation continue de s'accroître jusqu'à plus de 70 %, avant de régresser.

Entre 2010 et 2020, la situation des villes devient si dangereuse et inhumaine que la classe dirigeante est contrainte à changer radicalement sa stratégie, comme elle l'avait fait en Europe au milieu du XIXe siècle. Cessant d'attendre que la « main invisible du marché » fasse des miracles, elle s'organise alors pour réaliser une éducation de masse planétaire et des grands programmes d'aménagement. C'est le passage à une société d'enseignement, énergique et normative.

Dans un troisième temps seulement, vers 2060, apparaît un rejet des contraintes et des normes imposées par cette société didactique. La pression est alors suffisante pour libérer l'imaginaire et passer à une société de création.

Les historiens sont comme bien d'autres. Ils cherchent d'abord leurs clefs là où c'est éclairé [1]. Jusqu'aux travaux de la nouvelle école historique [2], nous avons cru que l'histoire — notre histoire — était faite des luttes de pouvoir entre les puissants et s'écrivait dans le sang sur les champs de bataille. Les tribus, puis les empires, les États, en étaient les acteurs. C'était l'Histoire spectacle, « un conte absurde, plein de bruit et de fureur, raconté par un idiot ». Puis on a cru qu'elle s'écrivait dans les luttes de libération des peuples contre leurs

1. Comme dans le conte soufi, où Nasreddin Hodja cherche ses clefs sous le réverbère, alors qu'il les a perdues chez lui, où il fait noir.

2. Elle comprend des dizaines de personnalités. Les plus connues sont Marc Bloch, Fernand Braudel, Georges Duby, Emmanuel Le Roy Ladurie et, pour l'histoire des techniques, Bertrand Gille...

oppresseurs... jusqu'à ce qu'ils se mettent sous le joug de nouveaux pouvoirs, encore plus abusifs.

Mais cette histoire-là n'est que la partie la plus visible, comme la pointe émergée de l'iceberg. La montée des communications est en train de la dissoudre silencieusement. Alors, on annonce « la fin de l'histoire[1] », autrement dit le passage à une société civile planétaire, dont les acteurs sont de forme entrepreneuriale.

Il n'y a pas à regretter l'effacement des pouvoirs. Ils étaient surtout abusifs, et le sont encore pour quelque temps. Mais au-delà, cette mutation signifie que les institutions ne sont plus sacralisées. Les tribus, les empires et les Églises s'imposaient aux humains. Elles préexistaient à leur naissance et survivaient après leur mort. Chacun avait bien peu d'influence sur leur cours. Désormais, toutes les organisations sont remodelables. Il appartient à chaque génération de confirmer, d'infirmer ou d'infléchir. Les institutions n'ont d'autre légitimité que l'énergie de ceux qui les font vivre.

Alors, du point de vue de l'Espèce Humaine, ce n'est pas à la fin de l'histoire que nous assistons, mais à son commencement.

1. Francis Fukuyama, *La Fin de l'histoire et le dernier homme, op. cit.*

Et maintenant ?

La prospective à long terme peut-elle mener à des décisions contemporaines ? Sans aucun doute, même si l'abus des calculs économiques [1] nous a conduit par le passé à trop négliger l'avenir.

Comment accepter sereinement les millions de chômeurs, l'exclusion et la pauvreté, alors que tant de travail reste à faire pour équiper la planète ?

Faut-il que la classe dirigeante ait l'esprit étroit pour ne rien trouver de mieux à recommander que le « partage du travail ». Si les pays qui détiennent la technologie commencent par baisser les bras en travaillant moins, je ne vois pas comment l'Espèce Humaine pourrait assumer son destin.

Comment ne pas se souvenir que ce qui a été construit il y a cent ans se trouve encore sous nos yeux ? Le Paris de Haussmann, les architectures de la plupart des grandes villes du monde sont plus que séculaires. Quant au canal de Suez et à celui de Panama, ils sont là pour mille ans.

Si la prospective prédit un grand renversement de stratégie au plus tard entre 2010 et 2020, avec une renaissance des grands programmes d'éducation et d'aménagement, les hommes de bonne volonté ont une quinzaine d'années devant eux pour s'y préparer. Ce n'est pas trop.

Il faut dès maintenant penser au jardin planétaire où nous voudrions que vivent nos enfants. Car l'expérience montre que les décideurs se saisissent de ce qu'ils ont sous la main au moment où les circonstances les obli-

1. Notamment la pratique de l'actualisation, qui donne aux événements futurs un poids d'autant plus faible dans les décisions présentes qu'ils sont éloignés.

gent à décider. Quand les dossiers ne sont pas prêts, ils prennent ce qui se présente à leur portée, car il leur faut avoir l'air de faire quelque chose.

Il faut aller vite, car il n'est pas exclu que la crise économique conduise à des réorientations plus rapides. Au moins depuis la Seconde Guerre mondiale, l'essentiel des grands programmes est d'inspiration militaire. La baisse de la tension Est-Ouest a réduit les commandes d'armements et ampute les budgets des techniques de pointe.

Contrairement à ce que font semblant de croire les économistes libéraux, le marché ne suffit pas à faire fonctionner l'économie. Sans grands programmes, la recherche n'est pas alimentée, les marges s'érodent, la demande s'affaisse, l'espoir s'absente, une maladie de langueur s'installe.

Toutefois, la relance économique ne peut se faire par le lancement de grands travaux que s'ils sont de très grande ampleur. Après 1929, le New Deal de Roosevelt n'a pas pu sortir l'Amérique de la crise. C'est seulement l'immense effort industriel de la Seconde Guerre mondiale[1] qui a suffi à relancer l'économie américaine.

Après la baisse des commandes militaires actuelle, seuls des programmes civils internationaux d'ampleur au moins comparable peuvent sortir le capitalisme titubant de l'état nauséeux — et dangereux — où il se trouve.

Après l'aveuglement monétariste du début des années 90, il va bien falloir s'organiser pour mettre la monnaie et les financements au service de l'homme et non pas l'inverse.

La perception de cette nécessité est sans doute le premier enjeu politique planétaire. C'est elle qui permettra de quitter la magie du pouvoir pour entrer dans l'âge de raison.

1. Dans laquelle les États-Unis se sont engagés avec réticence sur le coup de semonce de Pearl Harbor.

Nouvelle Déclaration des droits de l'homme

La Déclaration des droits de l'homme est apparue au moment où s'installait la société industrielle. Sous-tendue par la volonté d'abolir les privilèges et de donner, autant que possible, des chances égales à tous, elle a préparé une extraordinaire éclosion d'initiative et de créativité populaires. Ces droits n'ont pas été appliqués tout de suite, c'est le moins qu'on puisse dire. Malgré eux, le XXe siècle a connu des abîmes de barbarie. Et cependant, ils ont peu à peu imprégné la vie quotidienne en temps de paix. Ils ont imperceptiblement été le principal moteur de transformation sociale qu'on ait inventé depuis que les sociétés humaines existent. Pourquoi ? À mon sens, parce qu'ils posent en principe que l'homme est acteur et responsable de son propre destin. Autrement dit, la Déclaration reconnaît implicitement que, désormais, le Créateur, c'est l'homme.

Néanmoins, la première rédaction de la Révolution française a son champ de vision rétréci par les problèmes de l'époque. Permettre aux peuples de se soulever contre la tyrannie, fût-elle de droit divin, est sa première préoccupation. Pour succéder à la royauté, et empêcher son retour, elle ne voit que la « nation », avec ses citoyens « libres et égaux en droit ». Les libertés économiques, et le « pouvoir d'instituer » n'en font pas partie en 1789. Ils apparaissent seulement dans la déclaration de 1793. L'ambition internationale n'est venue qu'après, sous la forme de contamination des autres nations par les idées révolutionnaires, puis avec la déclaration universelle de 1948. À l'époque révolutionnaire, encore très terrienne, on ne pouvait rester qu'au niveau d'une juxtaposition de nationalités.

La plupart des auteurs des premières déclarations, il y a deux siècles, croyaient seulement se libérer du joug d'un pouvoir abusif. Ils n'imaginaient pas les incalculables conséquences de leur geste. Ils ne pensaient pas toucher au plus profond de l'organisation sociale et des croyances. Avec le recul, nous pouvons dire maintenant que leur initiative était d'ordre métaphysique. Déclarer les droits de l'homme, c'est en effet affirmer que personne, même celui qui se proclame représentant de Dieu, n'a le droit de s'attaquer à aucun homme dans ce qu'il a d'inviolable : ses droits fondamentaux. Donc, par cette déclaration, l'homme est posé comme le lieu légitime et indépassable d'émergence du futur. Il est le bâtisseur du monde vivant.

La situation est maintenant différente. La biologie s'est introduite de manière tonitruante et dévastatrice dans les philosophies du XXe siècle. Le darwinisme social a inspiré à la fois Marx, les libéraux et servi d'étendard aux nazis. Il a été repris par la sociobiologie, la « purification ethnique » et tous les racismes latents et inavoués de la fin du siècle. Les biologistes ont beau démontrer que le croisement des gènes est un enrichissement, et que la diversité est la meilleure garantie de créativité donc de survie, rien n'y fait. Les esprits assoiffés de certitudes se laissent prendre au même mirage : « Il n'y a qu'à » présélectionner les plus performants, et éliminer les gêneurs... L'ordre plutôt que le résultat, c'est-à-dire l'apparence d'efficacité plutôt que l'efficacité elle-même.

Comme la biologie — la vraie — dit que la vie est une, « depuis l'amibe jusqu'à l'éléphant[1] », on peut se demander si, au-delà des droits de l'homme, il ne faudrait pas énoncer un droit à la survie des espèces, s'imposant à l'homme. Ce sera sans doute le cas dans l'avenir. Mais il est trop tôt pour proposer une position. Nous n'avons pas encore assez d'informations (sur le génome) ni assez de délibérations (sur l'éthique) pour être en mesure de rédiger. Je vais donc me contenter de présenter un texte concernant les droits de l'homme au sens classique du terme.

À la société industrielle succède un nouveau système

1. Expression due à Jacques Monod. Voir à ce sujet Janine Chanteur, *Du droit des bêtes à disposer d'elles-mêmes*, Seuil, 1993.

technique, dématérialisé et beaucoup plus délocalisé. Il mondialise les enjeux, interconnecte les opérateurs, contourne les autorités. La citoyenneté de demain est nécessairement celle du citoyen du monde. Par ailleurs, les dominations ont elles aussi changé de nature. À l'avenir, les pouvoirs de type maffieux sont plus à craindre encore que ceux des dictatures. Et la mise en dépendance des populations par des consommations polluantes ou piégeantes, à la manière des drogues, sont plus insidieuses et redoutables que les anciennes oppressions.

Le texte de la déclaration qui suit a été élaboré en 1988, après le premier colloque Europrospective, par un groupe de jeunes prospectivistes[1]. J'ai rajouté en face de chaque article des commentaires en 1992, de manière à montrer les intentions du texte pour éclairer l'ouverture à la construction du prochain siècle.

L'aridité du texte juridique risque de faire oublier la passion qui l'anime. Pour les lecteurs qui le peuvent, je conseille de refaire notre expérience : prenez quelques jours de liberté ; installez-vous autour d'une table, avec une demi-douzaine d'amis, et réécrivez la Déclaration des droits de l'homme. Vous découvrirez des choses que vous n'oublierez plus !

1. Les membres de ce groupe sont, par ordre alphabétique : Michel Baret, Christian Baudiment, (Thierry Gaudin), Fabienne Goux-Baudiment, Véronique Le Goaziou, Carole Ryckewaert, Laurent Truchon, Sophie Tutkovicz, Frédéric Worms (auteur de l'anthologie *Droits de l'homme et philosophie*, Presse Pocket, 1993). Le groupe a bénéficié des conseils de M. Kiss, directeur de l'Institut des droits de l'homme de Strasbourg.

Article 1 **: Les hommes et les femmes naissent et demeurent libres. Ils sont et resteront égaux devant le droit. Aucune différence, qu'elle soit physique, politique, de sexe, de race, de religion, de culture, de mœurs, d'appartenance ou de nationalité ne peut fonder quelque discrimination ou exclusion que ce soit.**

L'affirmation de la liberté comme principe premier de la déclaration est plus forte qu'il y a deux siècles (« libres et égaux en droit »). Sans doute, la précision « en droit » affirme que la déclaration s'impose aux lois. Mais elle peut aussi être comprise de manière restrictive : libres en droit, mais pas en fait (ni en esprit ?).

En énumérant les causes de discrimination, on vise les pratiques regrettables du XXe siècle, où les droits de l'homme, énoncés il y a deux cents ans, n'ont été ni vraiment compris dans leur esprit, ni convenablement enseignés.

Article 2 **: Tout être conscient a droit à la vie, à la santé et à la sécurité, au respect de son intégrité physique, psychique et morale, et à la maîtrise de sa procréation.**

Chacun a le droit de décider du temps, du lieu et des conditions de sa mort. Nul ne peut être considéré comme coupable d'avoir aidé à mourir celui qui le sollicite.

Les droits de l'homme, avant d'être affirmés sur le plan social, doivent l'être aux niveaux biologique et psychique, compte tenu des moyens modernes de conditionner les populations, et de restreindre par des prises d'influence diverses l'exercice des libertés.

Il est donc affirmé que la maîtrise de la reproduction et de la mort doivent rester au niveau des individus. Ce sont eux les lieux d'émergence de la conscience, et aucune institution ne peut les priver de ces choix vitaux.

Article 3 **: La maternité, l'enfance, la vieillesse, les handicapés ont droit à une aide, à une assistance et à une protection particulières. Tous les enfants, quelles que soient leur origine et leur situation, jouissent des mêmes droits.**

La question des droits des personnes affaiblies n'a pas été clairement traitée par les déclarations antérieures. On sait les violences commises sur les enfants, et le mouvement développé à la fin du XXe siècle pour protéger leurs droits, y compris contre leurs parents. La question est symétrique pour les personnes âgées, elles aussi souvent malmenées.

Article 4 **: La société doit être solidaire de ceux qui sont démunis, en les aidant à subsister, à se loger, à se procurer du travail, ou en assurant les moyens d'exister à ceux qui sont hors d'état de travailler.**

Les deux idées clefs de ces articles 3 et 4 sont celles de « protection particulière » et celle de « solidarité ». Il s'agit donc du devoir de prise en charge collective de ceux qui sont démunis ou affaiblis tout autant que d'une protection de leurs droits. Contrairement aux précédents, ces articles ne sont pas inspirés par la crainte d'une intrusion des institutions dans les responsabilités individuelles, mais au contraire par l'espoir de leur intervention.

Article 5 **: Il est nécessaire, pour l'exercice des libertés, que chacun reçoive une instruction, obligatoire et gratuite, lui donnant accès au maniement des techniques d'usage courant. Toute personne a droit à l'éducation et au libre accès aux connaissances.**

L'éducation doit viser au plein épanouissement de la personnalité humaine et au renforcement du respect des droits de l'homme et des libertés fondamentales. Elle doit favoriser la compréhension, la tolérance, l'amitié entre les individus, les nations, les groupes raciaux, religieux et politiques.

Chacun doit pouvoir, selon ses aptitudes, bénéficier d'une qualification professionnelle valorisante en harmonie avec les besoins sociaux, économiques et culturels de l'humanité.

Il ne suffit pas d'affirmer la liberté pour qu'elle se traduise dans les faits. Les critiques portées au XXe siècle par le syndicalisme et le consumérisme montrent bien que la domination réapparaît par des voies détournées, et de plus en plus subtiles à mesure que la société devient plus complexe.

La première exigence que l'on puisse inscrire comme un droit, car le droit ne peut pas tout légiférer, est celle de l'éducation. Encore faut-il qu'elle enseigne la liberté ! La prolifération des écoles sectaires, voire intégristes, est un danger pour les droits de l'homme, même si elles apprennent aussi à lire et à écrire, pour attirer les élèves et mieux les endoctriner.

Encore faut-il aussi qu'elle enseigne des choses directement utiles dans la vie quotidienne. La dérive naturelle des systèmes d'enseignement est la théorisation à outrance et l'éloignement de la pratique. De la sorte, ils évitent qu'on puisse juger de leur efficacité et se replient sur des langages de caste. Il est dangereux pour les droits de l'homme que des jeunes s'éloignent de l'humain dans des spéculations élitistes.

Article 6 **: Nul ne peut être inquiété pour ses opinions, quelles qu'elles soient : religieuses, philosophiques, artistiques, scientifiques, politiques..., ou pour son apparence, pourvu que leur manifestation ne lèse pas les droits d'autrui.**

La libre communication des pensées et des opinions est un droit inaliénable. Chacun peut donc parler, écrire, diffuser, manifester sa pensée librement par tous les moyens qu'offre la technique, dans les conditions définies par la loi. Lorsque ces moyens permettent une diffusion de masse, ils doivent être ouverts aux opinions minoritaires.

La liberté d'expression est souvent considérée comme le plus important des droits de l'homme. Elle est nécessaire aux autres droits, car c'est elle qui permet de dénoncer les abus. Dans une société de communication de masse, elle doit aussi prendre en compte les nouveaux médias, et en garantir l'accès aux opinions minoritaires. Car, contrairement à une croyance trop répandue, ce qui fait la démocratie, ce n'est pas « la loi de la majorité » mais la protection des minorités.

Article 7 **: Nul genre de travail, d'activité, de commerce ne peut être interdit à quiconque, sauf s'il porte atteinte aux droits de l'homme, à l'héritage culturel ou naturel, à la santé ou à la sécurité publique.**

La liberté économique est protégée par des dispositions législatives. En particulier, la loi limite les ententes et positions dominantes.

Chacun peut engager ses services, son temps ; mais il ne peut être vendu ni prendre d'engagement irrévocable, car la personne humaine n'est pas une propriété aliénable. La loi protège les individus contre toute forme d'oppression, notamment économique.

Chacun est également admissible à toutes dignités, places et emplois, sans autre distinction que celle de ses talents et de ses vertus.

Au temps des premières déclarations des droits de l'homme, la question des libertés économiques ne se posait pas avec la même acuité. La possession de la terre, dans la société agraire de l'époque, était la principale garantie de subsistance, et ceux qui ne possédaient absolument rien n'étaient pas encore assez nombreux pour être entendus.

Ce qui fait la prospérité, c'est la liberté de créer des entreprises nouvelles, plus performantes que les anciennes, de lancer des produits nouveaux et de s'associer selon des formes contractuelles aussi libres que possible.

On peut dire que les premières déclarations reconnaissaient l'individu comme être physique, dont l'intégrité et la disponibilité doivent être protégés *(habeas corpus)* et comme être politique exerçant sa liberté d'expression et son droit de vote. Mais elles ne reconnaissaient pas son « pouvoir d'instituer », autrement dit sa capacité de créer des institutions nouvelles (entreprises, associations) et de les faire vivre.

Encore faut-il retirer de ce droit d'instituer le pouvoir d'opprimer. Qu'il s'agisse des consommateurs ou des employés, les abus doivent donc être limités par la loi.

Article 8 **: Les personnes ont droit à ce que les contrats, par eux conclus dans le respect des lois, soient observés.**

Toute personne physique ou morale qui s'estime lésée au regard de la loi a le droit à ce que sa cause soit entendue équitablement, publiquement et dans un délai raisonnable par un tribunal indépendant et impartial établi par la loi, et à obtenir protection ou réparation.

Les jugements sont rendus publics et s'imposent au pouvoir exécutif.

Ce fonctionnement de la liberté économique exige une règle : le respect des engagements. On entre ici dans une conception étendue de la souveraineté de la société civile, où l'initiative appartient aux personnes (physiques et morales), dont les contrats « tiennent lieu de loi à ceux qui les ont faits ». Les litiges sont arbitrés par un pouvoir judiciaire indépendant de l'exécutif, dont les décisions s'imposent même aux plus puissants. Alors, et alors seulement, au-dessus de la force, il y a la loi, la règle de la parole donnée, valant jusqu'au-delà des frontières, car cette nouvelle déclaration ne connaît pas les limites des États.

Article 9 **: Chacun a le droit de vivre dans un environnement sain et respectueux des grands équilibres naturels.**

Il a le droit d'être informé en temps utile des risques que présentent les produits d'usage courant, des décisions qui pourraient affecter son milieu de vie, de participer à ces décisions et, si ses droits étaient méconnus, de former un recours.

Toute personne physique ou morale a le devoir de respecter le patrimoine naturel et culturel, et de veiller à ce qu'il soit transmis aux générations futures.

La protection de la nature est nouvelle dans une déclaration des droits de l'homme. En fait, il s'agit là d'une esquisse, restant en continuité avec le principe posé il y a deux siècles : l'égoïsme de l'espèce humaine. On constate seulement que l'homme ne peut pas vivre sans protéger l'environnement, et que c'est donc son droit d'exiger qu'on ne le détruise pas. Il ne s'agit donc pas d'un droit de la nature en tant que telle, personnifiée comme mère de toute vie, s'opposant éventuellement au droit des hommes. On se limite à exprimer un devoir de respect.

De même, le droit du consommateur et les garanties portant sur la santé sont envisagés par rapport à la sécurité de l'espèce humaine, compte tenu que les individus sont quotidiennement confrontés à des produits artificiels plus ou moins dangereux, dont la composition n'est même pas divulguée.

Article 10 **: La propriété est un des droits de l'homme. Nul ne peut en être privé si ce n'est lorsque la nécessité publique, légalement constatée, l'exige évidemment, et sous la condition d'une juste et préalable indemnité.**

Tout auteur, tout interprète d'une œuvre de l'esprit jouit sur cette œuvre, ou sur son interprétation, d'un droit de propriété qui doit être garanti par la loi.

La question de la propriété a été controversée au XXe siècle. Certains ont cru que l'appropriation collective des moyens de production pourrait réduire l'oppression dont les travailleurs étaient victimes. Il n'en est rien. Le jeu normal du pouvoir de gestion est alors faussé par des enjeux politiques, et l'inefficacité s'installe, avec son cortège de laxismes : le népotisme, la corruption, les chasses gardées...

Aussi cette déclaration reconduit mot à mot le texte de 1789.

Elle y ajoute néanmoins un élément supplémentaire, caractéristique de la civilisation de la fin du XXe siècle, et qui devrait prendre encore plus d'importance à l'avenir : la propriété intellectuelle, c'est-à-dire à la fois le droit d'auteur, celui des brevets, des modèles et des créations de toute nature. Si, comme bien des indices le laissent penser, nous allons vers une société de création, il faut reconnaître à l'acte créateur sa spécificité, et affirmer un droit de la création distinct de celui de la production.

Article 11 **: Tout homme ou femme, conjointement à ses droits civiques, bénéficie de droits inaliénables, dans les limites définies par la loi :**

• le droit de circuler librement et de se fixer en tout lieu ;

• le droit à l'inviolabilité de son domicile, au secret de son identité et de sa correspondance ;

• le droit d'être protégé contre la diffamation ;

• le droit de se réunir, de défiler librement sur la voie publique ;

• le droit d'obtenir asile en cas de violation des libertés garanties par la présente déclaration.

Dans une société de communication et de circulation, il est important de préciser que les individus doivent être protégés de la calomnie. Au-delà de la force physique et du poids financier, se sont maintenant développées de véritables puissances industrielles de persuasion dont l'impact peut mettre en danger la dignité et la sécurité des individus.

Le droit de libre circulation et le droit d'asile sont encore loin d'être établis. Ils correspondent à une civilisation planétaire sans frontières étanches. Il faut se souvenir qu'au moment où la première déclaration a été écrite, ses principes étaient encore bien loin d'être mis en pratique. Des progrès importants ont été faits depuis deux siècles, mais il reste encore du chemin à faire.

Article 12 **: Le but de toute institution politique est la protection et la promotion des droits naturels et imprescriptibles de l'homme. Ces droits sont, en particulier, ceux énoncés ci-dessus.**

Le rôle du politique n'est pas d'exercer le pouvoir, mais de permettre au pouvoir créateur du peuple de s'exprimer.

Article 13 **: La liberté consiste à pouvoir faire tout ce qui ne nuit pas à autrui. Ainsi, l'exercice des droits de chacun n'a de bornes que celles qui assurent aux autres membres de la société la jouissance de ces mêmes droits. Ces bornes ne peuvent être déterminées que par la loi, pour protéger les droits fondamentaux d'autrui.**

Tout ce qui n'est pas défendu par la loi ne peut être empêché, et nul ne peut être contraint à faire ce qu'elle n'ordonne pas. La loi est la même pour tous.

L'exercice de la liberté donne le droit de développer ses potentialités, de créer des personnes morales (associations, entreprises, fondations...) et nécessite celui d'avoir une personnalité juridique.

Cet article pourrait s'appeler le droit d'innover. Il contient des propositions de logique pure : le droit de chacun est limité par celui de son prochain ; et surtout ce qui fait la différence fondamentale entre une société innovatrice et une société figée. Dans la première, tout ce qui n'est pas interdit est permis, dans la seconde, tout ce qui n'est pas permis est interdit.

En y rajoutant le pouvoir d'instituer, déjà évoqué à propos de l'article 7, le tableau de l'environnement favorable à l'innovation est complet.

Article 14 **: Nul n'est censé ignorer la loi. Les institutions ont donc le devoir de faire diffuser les lois en vigueur et de veiller à ce que leur compréhension soit accessible à tous.**

L'interprétation des lois relève du pouvoir judiciaire, lequel est strictement séparé du législatif, qui les élabore, et de l'exécutif, qui gère les services publics. Le judiciaire ne se saisit pas des affaires qu'il traite, il est saisi.

Cet article retourne la question de la reconnaissance et de la connaissance de la loi. Il n'est pas conforme aux droits de l'homme que s'interpose entre l'individu et la société une cohorte de spécialistes monopolisant l'interprétation de textes obscurs.

D'autre part, le système éducatif a une fonction légale, celle d'enseigner aux élèves les règles qu'ils auront à respecter, et les droits dont ils pourront bénéficier. On ne peut pas prétendre à la démocratie, si ceux qui entrent dans la vie sociale ne sont même pas informés de son contenu, ni même de son existence.

Dans la démocratie, le principe de séparation des pouvoirs est respecté. Il y a non plus un pouvoir, mais trois, qui fonctionnent chacun selon des modalités différentes, en termes de traitement de l'information :

- Dans le judiciaire, l'information remonte vers le juge ou le jury. L'établissement des faits, l'audition des témoins, toute la procédure concourt à cette remontée nécessaire au jugement.

- L'éxécutif au contraire, fonctionne plutôt avec une information descendante. Il décrète, décide. Ses échelons subalternes exécutent.

- Le législatif n'est ni montant ni descendant, il est délibératif et représentatif. Il ne traite pas les cas particuliers, comme les deux autres, il établit des règles générales.

Article 15 **: Le principe de toute souveraineté réside essentiellement dans le peuple. Nul corps, nul individu ne peut exercer d'autorité qui n'en émane expressément.**

La loi étant l'expression de la volonté générale, tous ceux qui ont atteint la majorité ont le droit de concourir personnellement, ou par leurs représentants élus, à l'établissement des lois qu'ils subissent.

Il est d'autant plus nécessaire désormais de faire ces distinctions en termes de circulation de l'information, que les sciences cognitives nous y invitent. Dans un cerveau, comme aussi dans les systèmes d'intelligence artificiels, il y a des circuits montants (sensitifs), d'autres descendants (moteurs), d'autres enfin délibératifs, réorganisant en permanence la vie du monde intérieur.

Article 16 **: La force publique doit être la garantie des droits de l'homme, instituée pour l'avantage de tous et non pour l'utilité particulière de ceux à qui elle est confiée. Elle ne peut en aucun cas s'ériger en pouvoir distinct.**

Nul ne peut être accusé, arrêté, détenu que dans des cas déterminés par la loi, selon les formes qu'elle a prescrites et sous contrôle du pouvoir judiciaire. Ceux qui sollicitent, donnent, exécutent ou font exécuter des ordres arbitraires doivent être punis, mais tout individu se rend coupable en résistant à l'application de la loi ou des jugements.

La loi ne doit établir que des peines strictement et évidemment nécessaires.

Nul ne peut être puni qu'en vertu d'une loi établie et promulguée antérieurement au délit et légalement appliquée.

Tout accusé étant présumé innocent jusqu'à ce qu'il ait été déclaré coupable, s'il est jugé indispensable de l'arrêter, toute rigueur qui ne serait pas nécessaire pour s'assurer de sa personne doit être sévèrement réprimée par la loi.

Cet article est repris de la déclaration de 1789. Il est clair que l'espèce humaine n'en est pas encore au stade où elle peut se passer d'une « force publique ». Mais il faut alors préciser quelles sont les limites de son intervention, vu les risques, encore présents à la fin du XXe siècle, de voir le droit du plus fort se substituer au droit du peuple.

La question de la force se pose, non seulement face à des tentatives de prise de pouvoir de style militaire, mais aussi face à toutes les formes de maffias. Celles-ci constituent une sorte de pouvoir à l'état brut, sans légitimité, et prospèrent en raison directe de l'exclusion des plus défavorisés. Elles appellent en réponse, non seulement des stratégies efficaces d'insertion ou de réinsertion, mais aussi une « force publique » conséquente et internationale, capable de résister à leur pouvoir.

Article 17 **: La contribution commune indispensable pour l'entretien de la force publique et les dépenses des autres services publics doit être également répartie entre tous les usagers, en raison de leurs facultés et des coûts qu'entraînent leurs activités et leurs propriétés. Les contributions sont établies dans leurs taux, leurs assiettes et leur durée par la loi.**

Tous ont le droit de constater par eux-mêmes ou par leurs représentants la nécessité de la contribution, dont le détail des recettes et des dépenses, et d'en suivre l'emploi.

L'impôt n'est plus traité comme une prérogative régalienne, vestige du temps où le seigneur pouvait venir prendre une partie de la récolte, parce qu'elle était là et qu'il était le plus fort. Il doit être désormais fondé sur une rationalité, l'expression d'une logique contributive Même le fisc doit rentrer dans l'âge de la raison. Il est donc précisé que chacun contribue, non seulement en proportion de ses moyens (justice distributive : on prend plus aux riches qu'aux pauvres) mais surtout en fonction des charges qu'il crée à la collectivité (encombrements, pollution, consommation de ressources rares..). De la sorte, la fiscalité devient incitative, elle place les acteurs économiques dans un champ de forces allant dans le sens de l'intérêt général. Celui qui pollue plus paiera plus, donc sera incité par l'impôt à moins polluer.

Article 18 **: Chacun a le droit de demander compte à tout élu et à tout agent public de son exercice, de sa gestion ou de son administration, à condition d'être personnellement concerné, ou en cas d'atteinte aux droits de l'homme. Ceux-ci doivent lui fournir l'information demandée dans les meilleures conditions.**

En outre, chacun doit être tenu informé de tout renseignement répertorié le concernant, y avoir accès sur simple demande, et former un recours en cas de refus de communication ou de contestation de sa part.

Le secret est la principale protection des anciens systèmes bureaucratiques, ainsi que des organisations maffieuses, de tout ce qui conserve l'odeur du pouvoir et n'est pas encore entré dans l'âge de la raison.

Mais, alors que les institutions abusives dissimulent ce qu'elles devraient montrer au public, dans le même temps, elles se permettent des indiscrétions concernant la vie privée des gens et leur réputation.

La défense des droits de l'homme, au sens de la présente déclaration, doit pouvoir être exercée par tous, même par ceux qui ne sont pas directement lésés. Ainsi, la mobilisation est possible sur ce sujet, et sur lui seulement, sous toutes les formes imaginables.

Article 19 **: Les décisions engageant le patrimoine culturel ou naturel, l'éthique ou les générations futures doivent faire l'objet de campagnes d'information et de consultations populaires en proportion de leurs enjeux.**

L'idée de référendum sur les sujets vitaux engageant l'avenir n'est pas explicitée en tant que telle, car les modes de consultation sont de plus en plus variés et adaptables aux questions débattues. Les télévisions ont commencé à mesurer en direct l'opinion des spectateurs sur des enjeux d'intérêt public. Pourquoi ne pas développer ce genre de démocratie directe, à condition de la moduler selon l'ampleur et la pertinence des questions traitées ?

Article 20 **: La démocratie sera assurée par la garantie des droits de l'homme, la séparation des trois pouvoirs, et la désignation des responsables de l'exécutif et du législatif au suffrage universel, par des élections libres et régulières, dans lesquelles les droits des tendances minoritaires sont protégés.**

Est précisé ici le sens du mot « démocratie ». On y trouve, bien entendu, la séparation des pouvoirs et, non pas la loi de la majorité, mais la protection des minorités, qui permet à l'innovation d'émerger.

Article 21 **: Nul ne peut être privé pour des raisons politiques de la jouissance des droits fondamentaux énoncés dans les articles qui précèdent.**

Si les droits ne peuvent être supprimés à quiconque, et par aucune institution, fût-elle étatique, cela signifie que tous sont « citoyens du monde ».

Article 22 **: Le droit de revoir, de réformer et de changer sa constitution, ses structures et ses institutions est le droit inaliénable du peuple. Une génération ne peut assujettir à ses lois les générations futures.**

Faute de pouvoir affirmer que les lois et décrets seraient plus cohérents avec les nécessités de l'évolution s'ils mouraient naturellement après un certain temps, ou devaient être périodiquement réécrits dans le style de l'époque, au moins peut-on dire que les enfants ont le droit de réformer ce qu'ont fait leurs parents.

Article 23 **: Chacun a le devoir de respecter, de faire connaître et respecter la déclaration des droits de l'homme et la démocratie dans le monde entier.**

En cas de non respect, toute personne physique ou morale a le droit d'en appeler d'abord à la sanction des autorités territorialement compétentes, qui doivent nécessairement disposer des moyens légaux de cette sanction. Puis, si la violation du droit n'est pas sanctionnée, un recours doit pouvoir être formé auprès d'instances internationales indépendantes.

Quand les droits de l'homme sont violés, la résistance à l'oppression est pour le peuple le plus sacré et le plus indispensable des devoirs.

Réaffirmation du caractère international des droits de l'homme, et précision sur quelques modalités nécessaires pour garantir leur respect.

À noter que les États nations ne figurent plus ici que sous la désignation « autorités territorialement compétentes », au même titre que les municipalités ou les régions. Si ces « autorités » sont défaillantes, ce qui arrive plus souvent qu'on ne le voudrait, des recours internationaux doivent être prévus.

Apport de cette déclaration

La principale nouveauté de cette déclaration est de poser clairement l'exercice du pouvoir créateur humain comme une finalité universelle. Discrètement, elle reconnaît un droit d'innover et un pouvoir d'instituer. Toute personne morale créée par l'homme, que ce soit une entreprise, une association, une fondation,... a le même droit d'exister quels que soient son origine et son lieu de création. Les organisations sont donc transnationales dès leur naissance. En revanche, elle ne reconnaît pas la prééminence de l'État nation, qui devient une collectivité comme les autres, au même titre qu'une municipalité. Le droit d'ingérence est donc légitimé.

Pour ce qui est des élections, elle se rallie au principe que les individus ont le droit de participer à l'élaboration des lois et des contraintes collectives qu'ils subissent. Dans ces conditions, les émigrés sont normalement représentés dans leur pays d'accueil, après, sans doute, une période d'adaptation. Il faut aussi admettre des représentations professionnelles spécifiques, nécessaires, par exemple, aux procédures de normalisation internationales, dont la légitimité n'est pas toujours clairement établie, d'autant qu'elles servent parfois aux acteurs dominants pour bloquer l'innovation et perpétuer leurs privilèges. Enfin, le droit à un environnement sain est posé comme un des droits fondamentaux de l'homme.

La séparation des pouvoirs est une nécessité universelle, fondée en termes de sciences cognitives. Or, actuellement, même les Nations unies ne la respectent pas. Dans des interventions comme celles de la crise du Golfe, du Cambodge, de la Somalie ou de l'ex-Yougoslavie, ils sont à la fois un exécutif qui gère des moyens et envoie des troupes, un législatif et un judiciaire qui émettent des arrêts par la voix du Conseil de sécurité ou de l'Assemblée générale. Si, à l'échelle planétaire, dans la plus consensuelle des institutions, les pouvoirs ne sont même pas encore vraiment séparés, comment veut-on qu'ils le deviennent dans les pays tribaux ! Il faut une organisation judiciaire étagée, avec au sommet une « cour suprême » mondiale. Il reste ensuite à séparer les exécutifs et les législatifs, en leur donnant des légitimités claires, issues d'élections.

Table des matières

Avertissement **9**

A quoi sert la prospective séculaire ? **13**

Comment on a vu le futur jusqu'à présent 14
Quelle méthode avons-nous suivie ? 17
Estimer la vitesse des changements 19
Les fondements de notre prospective 24
Un regard mondialiste 27
La prospective sert à préparer des programmes .. 30

Le scénario du siècle prochain **33**

Une référence : le milieu du siècle dernier 33
1980-2020 : La société du spectacle. 35
2020-2060 : La société d'enseignement. 38
2060-2100 : La société de création. 41
Tableau d'évolution du prochain siècle 42

Les enseignements de l'histoire des techniques ... **47**

Quoi de neuf depuis mille ans ? 47
Stabilité de la Chine, pourquoi ? 49
Ouverture puis fermeture de l'Islam, pourquoi ? .. 52
Premier envol : le XIIe siècle européen 54
Déclin, Renaissance et révolution industrielle 59

Vers la dématérialisation de la technique **63**

Les matériaux se multiplient 66
L'énergie est maîtrisée.... 69
On ose remanier la vie 72
La contraction du temps 75
Les transitions du système technique 82

Le réseau, support de conscience **83**

Une situation inédite 83
Étoile et réseau, pouvoir et société civile 84
Les langues transversales 90
Industries hallucinogènes 93
Les sciences cognitives 97

Éthologie : les vagues de fond du prochain siècle.. 101
Démographie et féminisation 101
Les sauvages urbains 111
La multiappartenance 115
La nature reconstruite 120
Quel parti prendre ? 127
La question de la technique 127
L'ethnocide permanent 129
Le futile précède l'utile 133
Innovation et spiritualité 134
L'essence de la technique : la pro-grammation 138
Préparer la société de création 141
Douter du pouvoir 141
Le combat des innovateurs 145
Sur les ailes de la Raison 150
L'expérience de Roqueplo 154
Les trois composantes d'une politique d'innovation.. 155
Douze programmes pour le siècle prochain 161
Culture technique 165
Métrologie du quotidien 175
Industrialiser l'espace 181
Habiter les mers 189
Maîtriser l'énergie 197
Transformer la planète en jardin 207
Communication : un réseau pour tous 221
Structurer les villes 231
Humanisme industriel 243
Solidarité et partage 253
Système judiciaire mondial 259
Fiscalité incitative 263
Le treizième programme 269
Conclusion 273
Et maintenant ? 277
Nouvelle Déclaration des droits de l'homme 279
Apport de cette déclaration 291

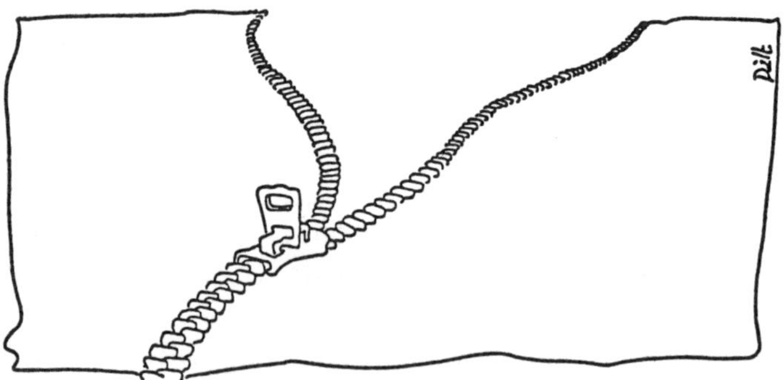

L'AVENIR EST OUVERT AVANT QU'ON NE LE REFERME .

Ouvrage imprimé sur presse CAMERON,
dans les ateliers de la S.E.P.C.
à Saint-Amand-Montrond (Cher)
en novembre 1993

ISBN 2-228-88718-8
— N° d'impression : 2952. —
Dépôt légal : novembre 1993.
Imprimé en France